BestMasters

Mit „BestMasters" zeichnet Springer die besten Masterarbeiten aus, die an renommierten Hochschulen in Deutschland, Österreich und der Schweiz entstanden sind. Die mit Höchstnote ausgezeichneten Arbeiten wurden durch Gutachter zur Veröffentlichung empfohlen und behandeln aktuelle Themen aus unterschiedlichen Fachgebieten der Naturwissenschaften, Psychologie, Technik und Wirtschaftswissenschaften.

Die Reihe wendet sich an Praktiker und Wissenschaftler gleichermaßen und soll insbesondere auch Nachwuchswissenschaftlern Orientierung geben.

Juliane Kemen

Mobilität und Gesundheit

Einfluss der Verkehrsmittelnutzung auf die Gesundheit Berufstätiger

Mit einem Geleitwort von Prof. Dr. Thomas Kistemann

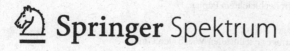 Springer Spektrum

Juliane Kemen
Frankfurt am Main, Deutschland

BestMasters
ISBN 978-3-658-13593-5   ISBN 978-3-658-13594-2 (eBook)
DOI 10.1007/978-3-658-13594-2

Die Deutsche Nationalbibliothek verzeichnet diese Publikation in der Deutschen National-
bibliografie; detaillierte bibliografische Daten sind im Internet über http://dnb.d-nb.de abrufbar.

Springer Spektrum

Gedruckt auf säurefreiem und chlorfrei gebleichtem Papier

Springer Spektrum ist Teil von Springer Nature
Die eingetragene Gesellschaft ist Springer Fachmedien Wiesbaden GmbH

Für meine Tochter Zoe Kemen

Geleitwort

Irgendwie, auf direkte oder indirekte Weise, sind wohl alle Lebensbereiche des Menschen mit seiner Gesundheit verbunden. Wo wir leben, was wir essen, wie wir reisen: Alles wirkt sich auf die eine oder andere Weise auf unser gesundheitliches Wohlbefinden aus. Insofern ist es naheliegend, auch die Schnittstelle von Mobilität und Gesundheit näher zu untersuchen, zumal diese Schnittstelle nicht nur Synergien und Interventionsoptionen verspricht, sondern auch eine enorme Reichweite hat, denn sowohl Mobilität als auch Gesundheit betrifft alle Menschen. Und es ist vor diesem Hintergrund erstaunlich, dass sich erst seit kurzer Zeit Mobilitäts- und Gesundheitsforscher ihrer komplementären Arbeitsfelder bewusster werden.

Die Autorin der vorliegenden gesundheitsgeographischen Untersuchung hat sich dieser Aufgabe gestellt und ist zu aussagekräftigen, den Forschungsstand substantiell bereichernden Ergebnissen gekommen, die nicht nur die Wissenschaft, sondern auch eine breitere Öffentlichkeit interessieren werden. Auf der Grundlage einer ungewöhnlich großen, online durchgeführten Befragung können empirisch sehr gut abgesicherte Aussagen darüber gemacht werden, welchen Einfluss die Wahl der Verkehrsmittel auf dem Arbeitsweg auf die Gesundheit Berufstätiger hat. Wie gesund sind Fußgänger und Radfahrer, Autofahrer und ÖPNV-Nutzer im Vergleich? Fehlen Radfahrer seltener bei der Arbeit als Autofahrer? Beeinflusst die Wahl des Verkehrsmittels das Körpergewicht oder das Wohlbefinden?

Die Arbeit ist zudem ein sehr gutes Beispiel für die gelungene Kooperation zwischen Hochschule und Wirtschaft, in diesem Fall einem Beratungsunternehmen der Mobilitätsbranche, bei der alle Beteiligten profitieren konnten. Dem Springer Verlag sei dafür gedankt, dass durch sein Programm ‚Best Masters' diese exzellente Arbeit, die vielleicht bei einigen Menschen zu einer bewussteren Entscheidung über die Wahl des Verkehrsmittels auf dem Weg zur Arbeit beiträgt, einem breiteren Publikum zugänglich gemacht wird.

Bonn   Prof. Dr. Thomas Kistemann

Danksagung

Ich möchte einer Vielzahl von Personen für die wertvolle Unterstützung bei der Anfertigung dieser Arbeit danken.

Zunächst möchte ich den 2.351 Personen danken, die meinen Fragebogen ausgefüllt und an meiner Studie teilgenommen haben. Insbesondere geht mein Dank an diejenigen, die die Befragung über ihre Verteiler weitergeleitet oder auf ihren Websites veröffentlicht haben. Ihre Mitwirkung ist die Grundlage meiner Ergebnisse.

Mein besonderer Dank gilt Herrn Prof. Dr. Thomas Kistemann für die Betreuung meiner Arbeit.

Ebenfalls Grundlage für diese Arbeit bildet die Kooperation mit der EcoLibro GmbH, durch die die Fragestellung der Arbeit entstand. Besonders hervorzuheben ist die Zusammenarbeit mit Herrn Michael Schramek, dem geschäftsführenden Gesellschafter.

Außerdem danke ich ganz herzlich meiner Familie und meinen Freunden. Ein besonderer Dank geht an Laura Austermann, Ulrich Gleiß und Dr. Daniela Recchia.

Juliane Kemen

Inhaltsverzeichnis

Abbildungsverzeichnis

Tabellenverzeichnis

Abkürzungsverzeichnis

Abb.	Abbildung
AK	Altersklasse
BMI	Body-Mass-Index
BRD	Bundesrepublik Deutschland
bzw.	beziehungsweise
IV	Individualverkehr
km	Kilometer
MIV	Motorisierter Individualverkehr (PKW, Motorrad)
NMIV	Nichtmotorisierter Individualverkehr (zu Fuß, Fahrrad)
ÖPFV	Öffentlicher Personenfernverkehr
ÖPNV	Öffentlicher Personennahverkehr
ÖV	Öffentlicher Verkehr
RR	Relatives Risiko
WHO	World Health Organization (Weltgesundheitsorganisation)

1 Einleitung

Angesichts der demographischen Entwicklung in Richtung einer älter werdenden Gesellschaft, einer steigenden Nachfrage nach Personen- und Güterverkehr und der Identifizierung des motorisierten Verkehrs als einem der Verursacher des anthropogen induzierten Klimawandels[1] gehören die Reduktion des Verkehrs und ein nachhaltiges Mobilitätsmanagement zu den großen Herausforderungen des 21. Jahrhunderts.

Mobilität betrifft alle Menschen. Jeder hat nahe oder weiter entfernte Ziele, die er erreichen möchte oder muss, und steht dabei stets vor der Frage, welches Verkehrsmittel er zur Überwindung des Weges einsetzt. Diese Wahl hat Einfluss auf das Stadtbild, die Umwelt und nicht zuletzt den eigenen Körper und das Wohlbefinden.

Unter dem Druck der Forderung nach einer steigenden Flexibilität von Arbeitnehmern hat sich innerhalb der letzten Jahrzehnte die Dauer der täglichen Arbeitswege stetig erhöht. Beinahe jeder Berufstätige bewältigt zweimal täglich einen Arbeitsweg und viele bleiben ihrem Verkehrsmittel über Jahre treu. Damit treffen sie eine langfristige Entscheidung für sich und ihre Umwelt.

Auch die Gesundheit ist ein Thema, das alle Menschen betrifft. Die Gesellschaft hat zunehmend mit wohlstandsbedingten Zivilisationskrankheiten zu kämpfen. Als Hauptverursacher der sogenannten nichtübertragbaren Krankheiten[2] sind Tabak- und Alkoholmissbrauch, körperliche Inaktivität und eine ungesunde Ernährung identifiziert worden (WHO 2014a).

Die Auswirkungen von körperlicher Bewegung auf eine Vielzahl von Krankheiten wurden in zahlreichen Studien untersucht (HHS 2008). Selbst im Bereich psychischer Erkrankungen, wie beispielsweise der Depression, die heute Millionen von Menschen betreffen, hat Bewegung eine messbare positive Auswirkung (AGUDELO et al. 2014).

---

[1] Der Transport-Sektor ist verantwortlich für ein Fünftel der CO_2-Emissionen weltweit (IEA 2013: 132–134).

[2] Noncommunicable Diseases (engl): Herz-Kreislauf-Erkrankungen, Krebs, Diabetes und chronische Atemwegserkrankungen (WHO 2014a). Die Wahrscheinlichkeit in Deutschland an einer dieser nichtübertragbaren Krankheit im Alter zwischen 30 und 70 Jahren zu sterben liegt bei 12 Prozent (WHO 2014b).

Regelmäßige tägliche Bewegung von mindestens 30 Minuten steht in einem inversen linearen Zusammenhang mit der Gesamtmortalität, wobei es nach heutigen Empfehlungen weniger auf lange intensive Trainingseinheiten, sondern vielmehr auf häufige moderate Einheiten ankommt (LEE u. SKERRETT 2001). Zusammenhänge mit Erkrankungshäufigkeit und Sterblichkeit lassen sich sowohl zwischen der physischen Aktivität in der Freizeit als auch während der Arbeitszeit und auf den Arbeitswegen erkennen (ANDERSEN et al. 2000).

Das Wissen um ungesunde oder gesunde Verhaltensweisen, wie Fortbewegung oder Ernährung, erzeugt jedoch noch keine Verhaltensänderung. Zwar messen die meisten Menschen der Gesundheit im Vergleich zu anderen Faktoren im Leben einen hohen Wert bei, im Alltag sind gesunde Verhaltensweisen jedoch schnell vergessen (FRANKE 2006: 51). Es ist vorteilhaft, gesunde Verhaltensweisen in den Alltag zu integrieren und durch tägliche Routine automatisch zu reproduzieren. Daher bietet der gesunde Arbeitsweg eine ideale Möglichkeit, gesundheitsförderndes Verhalten in den Alltag zu integrieren. Die Bewegung wird so zu einem festen Bestandteil des Tagesablaufs.

In der vorliegenden Arbeit wird der Einfluss der Wahl der Verkehrsmittel auf dem Arbeitsweg auf die Gesundheit Berufstätiger untersucht. Dabei stehen die persönlichen gesundheitlichen Auswirkungen im Vordergrund, wobei durch die täglichen Entscheidungen bezüglich der Verkehrsmittelwahl auch die Gesundheit anderer beeinflusst wird, etwa durch den Ausstoß von CO_2 oder Feinstaub, Lärmemissionen oder eine erhöhte Unfallgefahr. Der Einfluss der Verkehrsmittelwahl auf die Gesundheit durch die Bewegung, die sich durch die Nutzung aktiver Verkehrsmittel ergibt, spielt in dieser Arbeit die wichtigste Rolle. Nicht untersucht werden die Gefahren durch Unfälle.

Die Lücke zwischen Gesundheits- und Mobilitätsforschung konnte in den vergangenen Jahrzehnten zwar noch nicht vollständig geschlossen werden, aber Vertreter beider Richtungen erkennen immer deutlicher die Überschneidungen und Kooperationsmöglichkeiten:

"Until recently, health and transportation researchers were unaware of each other's somewhat complementary approaches." (SALLIS et al. 2004: 1)

Bereits in den Jahren vor dieser Äußerung durch James F. Sallis, einem amerikanischen Professor im Bereich Psychologie und „Active Living Research"[3],

---

[3]   Das Programm soll durch Forschungsprojekte die Bildung aktiver Kommunen unterstützten (ACTIVE LIVING RESEARCH 2012).

aber insbesondere in den letzten zehn bis fünfzehn Jahren haben sich Forschungsarbeiten mit dem Zusammenhang zwischen Mobilität und Gesundheit beschäftigt (vgl. z.B. STADLER et al. 2000; STUTZER u. FREY 2008; HENDRIKSEN et al. 2010; FLINT et al. 2014). Dabei verglichen die Forscher meist ÖPNV, MIV und ein oder zwei aktive Verkehrsmittel hinsichtlich verschiedener Kriterien wie Stress, Wohlbefinden, BMI, Körperfettanteil oder Krankheitstage miteinander. In der vorliegenden Arbeit werden sowohl die Ergebnisse bisheriger Forschung an der Schnittstelle Mobilität und Gesundheit vorgestellt, als auch bestehende Erkenntnisse auf Basis einer empirischen Untersuchung erweitert.

1.1 Vorgehensweise und Fragestellung

Im Rahmen einer Querschnittsuntersuchung auf Basis der Befragung von 2.351 Berufstätigen von November bis Dezember 2014 soll die Forschungsfrage beantwortet werden, inwiefern die Gesundheit durch die Wahl der Verkehrsmittel beeinflusst wird.

Die Gesundheit ist ein gesellschaftliches *Konstrukt*, welches in der vorliegenden Arbeit durch Krankheitstage, den Body-Mass-Index (BMI) und das Well-Being Berufstätiger operationalisiert wird (vgl. HENDRIKSEN et al. 2010; FLINT et al. 2014; ST-LOUIS et al. 2014). Es liegt nach Kenntnissen der Autorin keine andere Arbeit vor, in welcher der Einfluss der Wahl des Verkehrsmittels auf diese drei Gesundheitsindikatoren gemeinsam untersucht wird.

Aus diesem Zusammenhang heraus stellen sich mehrere aufeinander aufbauende Forschungsfragen:

- Welchen Einfluss hat die Wahl der Verkehrsmittel auf dem Arbeitsweg auf die Gesundheit Berufstätiger bezüglich der Parameter Krankheitstage, Body-Mass-Index und Well-Being?

- Besteht ein Zusammenhang zwischen der Länge und Dauer des Arbeitswegs und der Gesundheit Berufstätiger?

1.2 Entdeckungszusammenhang

Das Mobilitätsberatungsunternehmen EcoLibro GmbH gab den Auftrag zur Bearbeitung der Fragestellung. Mit der Erreichbarkeitsanalyse JobMobeelity© stellt das Unternehmen bereits den ökonomischen und zeitlichen Aufwand sowie die unterschiedlichen CO_2-Ausstöße verschiedener Verkehrsmittel auf dem Arbeitsweg dar. Die Erkenntnisse der vorliegenden Arbeit sollen einen Beitrag leisten zur Darstellung des Gesundheitsfaktors. Krankheitstage, BMI und Well-Being stehen in einem Zusammenhang mit der Produktivität und den ökonomischen Kosten von Unternehmen und werden als *Indikatoren* für Gesundheit verwendet (HOFMANN 2001; FINKELSTEIN et al. 2010; OSWALD et al. 2014).

Zu den Auswirkungen der Wahl der Verkehrsmittel auf die Gesundheit liegen bereits einige Studien vor. Da diese sich aber zum Teil widersprechen, dient diese Studie mit einer besonders großen Stichprobengröße auch der Überprüfung der nach dem Forschungsstand gebildeten Hypothesen.

1.3   Verortung innerhalb der Geographie

Die vorliegende Arbeit ist anzusiedeln an einer Schnittstelle von sozialgeographischer Verkehrs- bzw. Mobilitätsforschung und geographischer Gesundheitsforschung. Die geographische Verkehrsforschung, welche seit den 1970er Jahren auch im Bereich des Fuß- und Radverkehrs tätig ist, entspringt der Wirtschafts- und Siedlungsgeographie (MONHEIM 1973; MONHEIM 1980; GATHER et al. 2008: 33). Innerhalb der letzten Jahrzehnte hat es eine Entwicklung innerhalb der Verkehrsforschung hin zur Erforschung des Verkehrsverhaltens gegeben. Zahlreiche theoretische und empirische Veröffentlichungen beschäftigen sich mit einer Kombination aus Verkehrsgeographie und Sozialpsychologie (ST-LOUIS et al. 2014). Seit den 1990er Jahren entwickelte sich mit dem Aufkommen der Nachhaltigkeitsdebatte aus der klassischen Verkehrsgeographie die geographische Mobilitätsforschung, welche sich mit „ökologisch verträglicher Mobilität in Stadtregionen, (…) Mobilitätsmanagement" und weiteren Themen beschäftigt (GATHER et al. 2008: 36).

Die Ursprünge der geographischen Gesundheitsforschung sind bereits in der Forschung des Altertums zu finden. Raumwirksames Verhalten wurde schon von Hippokrates mit der Gesundheit in Verbindung gebracht. Heute zeichnet die geographische Gesundheitsforschung sich innerhalb der Gesundheitswissenschaften durch die Kombination krankheits- beziehungsweise gesundheitsbezogener Daten mit der räumlichen Perspektive aus. Laut KISTEMANN et al. erlebt sie derzeit eine Wiederentdeckung innerhalb der Medizin (KISTEMANN et al. 2008).

1.4 Aufbau der Arbeit

Im 2. Kapitel werden zunächst die grundlegenden Begriffe definiert. Dabei liegt der Fokus auf der Beschreibung von Mobilität und Gesundheit (Kapitel 2.1 und Kapitel 2.2). Daran anschließend wird der Forschungsstand vorgestellt, soweit er den Zusammenhang zwischen dem Arbeitsweg und der Gesundheit Berufstätiger wiedergibt (Kapitel 2.3). Bereits vorhandene Studien zu den Auswirkungen des Arbeitswegs auf Krankheitstage, BMI oder Wohlbefinden werden vorgestellt.

Kapitel 3 beschäftigt sich mit der Erläuterung des methodischen Vorgehens der Datenerhebung und -auswertung. Die Gründe für die Auswahl der quantitativen Befragung als Methodik werden ebenso wie die durchgeführten Tests erläutert (Kapitel 3.1 bis 3.3).

In Kapitel 4 werden die Ergebnisse der quantitativen Befragung vorgestellt. Zunächst werden sie mithilfe von Lagemaßen und Diagrammen deskriptiv dargestellt (Kapitel 4.1). Anschließend werden mit Verfahren der analytischen Statistik die entwickelten Hypothesen getestet, eine Regressionsanalyse durchgeführt und das Relative Risiko berechnet (Kapitel 4.2).

Die Diskussion der Ergebnisse erfolgt in Kapitel 5. Die Ergebnisse der Forschungsarbeit werden dabei mit dem Forschungsstand in Beziehung gesetzt (Kapitel 5.1 bis 5.3). Anschließend wird eine inhaltliche und methodische Kritik am eigenen Vorgehen geübt (Kapitel 5.4).

Kapitel 6 lässt Raum für Fragen nach Entwicklungsmöglichkeiten oder Handlungsempfehlungen aufgrund der neuen Erkenntnisse. In Kapitel 7 gibt das Fazit eine abschließende Zusammenfassung und verdeutlicht die wichtigsten Erkenntnisse.

2 Theoretischer Hintergrund und Forschungsstand

Im folgenden Kapitel werden der theoretische Hintergrung sowie der Forschungsstand dargestellt.

2.1 Mobilität

Innerhalb dieses Kapitels werden zunächst die Begrifflichkeiten Verkehr und Mobilität definiert und gegeneinander abgegrenzt. Anschließend wird über eine Vorstellung der Verkehrsentwicklung in Deutschland ein Bogen zum Thema Arbeitsweg und Mobilitätsmanagement geschlagen.

2.1.1 Verkehr und Mobilität

Der Begriff Mobilität stammt von dem lateinischen Wort „mobilis" – beweglich ab. Mobilität steht für „Beweglichkeit von Menschen, Lebewesen und Dingen in Zeit und Raum" (GATHER et al. 2008: 23). Es wird unterschieden zwischen geistiger, sozialer und physischer[4] Mobilität, wobei letztere die größte Rolle für die vorliegende Arbeit spielt. Geistige Mobilität, beispielweise die Fähigkeit, neue Wege zu gehen oder neue Verhaltensmuster anzunehmen, kann eine Rolle bei der Neuwahl eines Verkehrsmittels spielen. Physische Mobilität kann sowohl den dauerhaften Wechsel des Wohnortes mit der damit verbundenen Bewegung bedeuten als auch räumlich und zeitlich geringere regelmäßige Bewegung meinen (GATHER et al. 2008: 24). Diese unterschiedlichen Aspekte spiegeln sich auch in folgendem Zitat wider:

> „Mobilsein heißt, im engen Sinn des Wortes, beweglich sein, sich räumlich und sozial nicht immer am gleichen Ort aufzuhalten." (Schneider et al. 2002: 17)

Während Verkehr sich in den klassischen Verkehrswissenschaften auf die Messung der Bewegung innerhalb eines bestimmten zeitlichen und bzw. oder räumlichen Raumes bezieht, grenzt sich Mobilität durch den Bezug auf die Bewegung von Personen im Raum von diesem Konzept ab. Mobilität wird teilweise auch als die Fähigkeit „zur Realisierung von Aktivitäten verstanden", während Verkehr die tatsächlich stattfindende Bewegung darstellt (GATHER et

---

[4] Auch bezeichnet als räumliche Mobilität (WILDE 2014: 35).

al. 2008: 25). In der vorliegenden Arbeit wird der Begriff „berufliche Mobilität" als Bezeichnung für die Arbeits- und Dienstwege Berufstätiger verwendet.

Die Bedeutung und die Bewertung von Mobilität haben sich im Laufe der Zeit grundlegend verändert. Vor dem 18. Jahrhundert bedeuteten Mobilität und die damit verbundenen Ortswechsel Unsicherheit und waren meist eine Folge von Bedrohung oder Katastrophen. „Reisendes Volk" war verrufen und „viel unterwegs" zu sein nicht erstrebenswert (SCHNEIDER et al. 2002: 15).

Innerhalb des letzten Jahrhunderts kam es durch eine „Umstrukturierung des Arbeitsmarktes" und die Verbesserungen der beruflichen Perspektiven von Frauen zu veränderten Mobilitätsanforderungen (SCHNEIDER et al. 2002: 14). Heute zählt die Mobilität für Berufstätige zu einer sehr wichtigen Voraussetzung für den beruflichen Aufstieg. Mobilität wird dabei nicht nur von Führungspersonal, sondern von einem Großteil der Berufstätigen erwartet. Laut SCHNEIDER et al. fördert ein in Aussicht gestellter beruflicher Aufstieg andererseits auch die Bereitschaft zur räumlichen Mobilität (SCHNEIDER et al. 2002: 18).

Mobilität an sich ist jedoch ebenso wenig negativ zu bewerten, wie Nicht-Mobilität positiv zu bewerten wäre, und umgekehrt. Ziel sollte eine intelligente Mobilität sein, welche das NETZWERK INTELLIGENTE MOBILITÄT E.V. wie folgt definiert:

> „Intelligente Mobilität" (...) ist eine integrierte und zukunftsorientierte Mobilität, die wirtschaftlich sinnvoll ist und gleichzeitig sowohl positive Effekte für die Umwelt als auch für die Gesellschaft erreicht." (NETZWERK INTELLIGENTE MOBILITÄT E.V. 2014)

Hier zeigt sich eine erste Kontroverse. Stellt die erhöhte Mobilität einen Vorteil für eine Gesellschaft dar, oder bedeutet sie Zwänge und Verpflichtungen? Die Anforderungen der Wirtschaft nach ständiger Flexibilität und Mobilität können negative Auswirkungen auf das Privatleben haben, etwa weil das Bilden von persönlichen Beziehungen durch ständige Ortswechsel erschwert wird oder lange Arbeitswege verkürzte Freizeit mit sich bringen (SCHNEIDER et al. 2002: 16). Auch die Leistungsfähigkeit des einzelnen kann unter einer erhöhten Mobilität leiden (SCHNEIDER et al. 2002: 18).

Es stellt sich die Frage, welche Mobilität in welchem Maße gesundheitsschädigend oder sogar gesundheitsfördernd sein kann.

Während sich das Verkehrsmanagement durch „harte, vor allem technisch basierte (...) Instrumente", wie beispielsweise Geschwindigkeitsbegrenzungen oder Verkehrsleitsysteme kennzeichnet, setzt das Mobilitätsmanagement

durch „zielgruppenorientierte, weiche" Faktoren am Verhalten der Verkehrsteilnehmer an (SCHREINER 2007: 27). Die Zielsetzung von Mobilitätsmanagement wird durch folgendes Zitat sehr gut erläutert:

> „Mobilitätsmanagement umfasst alle Maßnahmen, die durch systematische und gezielte
> Information, Beratung, Motivation und Bildung Bürger, Gäste und Unternehmen besser
> in die Lage versetzen, ihre individuellen Bedürfnisse mit weniger Aufwand an KFZ-
> Verkehr zu organisieren." (SCHREINER 2007: 26)

Die Gründe für die Wahl eines Verkehrsmittels liegen häufig in persönlichen
Einstellungen zu einem Verkehrsmittel. Es ist wichtig, diese Gründe zu ken-
nen, um die Barrieren für die Nutzung von *aktiven Verkehrsmitteln* und dem
ÖPNV abbauen zu können (BEIRÃO u. SARSFIELD CABRAL 2007).

2.1.2   Verkehr in Deutschland

Von 1950 bis 2005 hat sich der Personenverkehr in Deutschland fast vervier-
facht (GATHER et al. 2008: 31). Seit Beginn der Nachhaltigkeitsdebatte[5] gibt
es die Forderung nach weniger Verkehr und gleichzeitig erhöhter Mobilität
(GATHER et al. 2008: 35). Trotz dieser Forderung nach einer Verringerung des
Verkehrs ist dieser innerhalb der letzten 20 Jahre angestiegen und lag 2012 bei
1,134 Milliarden *Personenkilometern*, wobei der Motorisierte Individualver-
kehr (MIV) einen Anteil von 76,9 Prozent ausmachte (BMVI 2014). Die Bevölkerung nutzt dabei ein „engmaschiges und modernes Straßennetz" sowie
ein sehr gut ausgebautes Schienennetz mit einer Länge von 42.000 km (WOI-
TSCHÜTZKE 2006: 71; 83).

Insgesamt wurden 2008 in Deutschland 281 Millionen Wege (Verkehrsauf-
kommen) und 3,2 Milliarden *Personenkilometer* (Verkehrsleistung) pro Tag
zurückgelegt. Im Verhältnis zu 2002 zeigt sich damit ein leichter Anstieg. Den
größten Anteil der gefahrenen Wege machen Freizeit- und Einkaufswege aus,
aber auch die Bedeutung der Arbeits- und Dienstwege nimmt zu (BMVBS
2008: 29). Bei der Betrachtung des *Modal Split*, d.h. des prozentualen Anteils
der Verkehrsmittel an allen zurückgelegten Wegen, zeigt sich die hohe Bedeutung des MIV in Deutschland (GATHER et al. 2008: 29).

---

[5] Die sogenannte Nachhaltigkeitsdebatte begann in Deutschland nach der Konferenz für
Umwelt und Entwicklung der Vereinten Nationen 1992 in Rio de Janeiro mit der Veröffentlichung der Agenda 21 (UNO 1992).

2.1.3   Der Arbeitsweg

Die Zeit, die für den Arbeitsweg aufgewendet werden muss, lässt sich weder der Arbeitszeit noch der Freizeit zuordnen. Er gehört zur Obligationszeit, in der außerdem „Aktivitäten wie Haushalts- und Reparaturarbeiten, Behörden- gänge (…)" etc. erledigt werden (RAU 2011: 84).

Der Arbeitsweg wird von vielen Menschen als eine unvermeidbare Bürde an- gesehen, die sie auf sich nehmen, um die Distanz zwischen Wohnort und Ar- beitsstätte zu überwinden. Er hat dabei weit mehr Auswirkungen auf die kör- perliche und psychische Gesundheit, als man von einer vergleichbar langen Tätigkeit erwarten würde. So scheint er der Teil des Tagesablaufs mit dem wenigsten psychologischen Gewinn und den größten negativen Folgen zu sein (KAHNEMAN et al. 2004). Laut RAU verursacht der Arbeitsweg auch ohne kör- perliche Bewegung die höchste körperliche Belastung des Tages (RAU 2011: 84).

Der Arbeitsweg hat nicht nur Nachteile. Er gibt, als Übergang zwischen Ar- beits- und Wohnort, die Gelegenheit für eine Vielzahl von Aktivitäten, wie beispielweise Lesen, Musikhören, Telefonieren oder Einkaufen auf dem Nachhauseweg (REDMOND u. MOKHTARIAN 2001). Es hat sich gezeigt, dass der Großteil der Berufstätigen nicht auf den Arbeitsweg verzichten wollen würde, wenngleich auch ein zu langer Arbeitsweg nicht geschätzt wird. In ei- ner Studie von REDMOND u. MOKHTARIAN lag die Wunsch-Fahrzeit im Durchschnitt bei 16 Minuten und nur 2,1 Prozent der Personen wünschten sich eine Fahrzeit von über 30 Minuten pro Strecke (REDMOND u. MOKHTARIAN 2001).

Die Entscheidungen für die jeweiligen Wohn- und Arbeitsorte bestimmen die Dauer und die Verkehrsmittel, mit denen man den Arbeitsweg bewältigen kann (FLADE 2013: 76). Kürzere Strecken lassen sich leichter mit einem akti- ven Verkehrsmittel zurücklegen, während bei längeren Strecken die Entschei- dung meist zu Gunsten einer Nutzung des ÖV oder MIV, bzw. einem *intermo- dalen* Verkehrsverhalten fällt.

In Deutschland liegt der Anteil des MIV am *Modal Split* mit 66,8 Prozent weit vor allen anderen Verkehrsmitteln (Abbildung 1). Die ÖPNV-Nutzer machen einen Anteil von 14,0 Prozent aus, 9,0 Prozent sind zu Fuß unterwegs und 8,8 Prozent nutzen das Fahrrad für die weiteste Teilstrecke ihres Arbeitswegs. Sonstige Verkehrsmittel nutzen nur 1,4 Prozent der Arbeitnehmer.

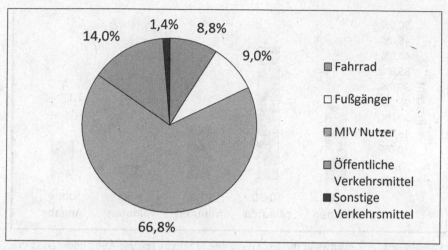

Abbildung 1:		Modal Split der Arbeitswege in Deutschland (eigene Abb., nach BMVI 2014)

Der hier dargestellte *Modal Split* der Arbeitswege ist nicht geeignet, die tatsächliche Situation in Gänze darzustellen, da Arbeitnehmer häufig verschiedene Verkehrsmittel innerhalb einer Strecke (*Intermodalität*) oder über die Woche verteilt (*Multimodalität*) nutzen (BMVI u. DIFU: 30).

Der Zeitaufwand für die Arbeitswege liegt für rund 80 Prozent der Arbeitnehmer unter einer Stunde pro Strecke (Abbildung 1). Personen, die besonders lange Arbeitswege haben, bezeichnet man als Pendler oder Fernpendler[6]. Das Phänomen des Pendelns entsteht typischerweise, wenn der Wohnort der Familie nach einem Arbeitswechsel beibehalten werden soll oder wenn dieser verlagert wird, beispielsweise weil ein Haus auf dem Land erworben wurde (SCHNEIDER et al. 2002: 26).

Abbildung 2 zeigt den Zeitaufwand für den Arbeitsweg deutscher Arbeitnehmer[7] (DESTATIS u. GESIS 2012). Dieser muss täglich zweimal bewältigt werden. Durch die Verdopplung der in Abbildung 2 dargestellten Angaben

---

[6]		Pendler sind laut SCHNEIDER et al. Personen, die über 1 Stunde Arbeitsweg haben, laut COSTAL et al. Personen, die über 45 Minuten Arbeitsweg haben (COSTAL et al. 1988; SCHNEIDER et al. 2002).

[7]		Laut den Daten des Mikrozensus 2008 (DESTATIS u. GESIS 2012).

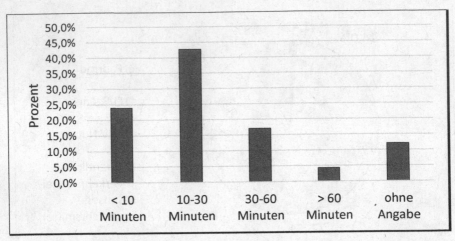

Abbildung 2:   Zeitaufwand für den Arbeitsweg je Strecke (eigene Abb., nach: DESTATIS
U. GESIS 2012)

tritt die zeitliche Bedeutsamkeit des Arbeitswegs hervor. In dieser Zeit sind
die Berufstätigen den verschiedenen Belastungen ausgesetzt, die sich aus der
jeweiligen Fortbewegungsart ergeben.

Innerhalb der letzten zehn Jahre hat sich der tägliche Zeitaufwand für die Arbeitswege erhöht, obwohl die Streckenlänge sich kaum verändert hat. Dies
liegt unter anderem an einer höheren Auslastung der Straßen (DESTATIS
2014a).

2.2   Gesundheit

Dieses Kapitel stellt zunächst die Entwicklung des Gesundheitsbegriffs vor,
um anschließend den Krankenstand der berufstätigen Bevölkerung und die Bedeutung des Arbeitswegs für die Gesundheit zu erläutern.

2.2.1   Zur Entwicklung des Gesundheitsbegriffs

Bis zur ersten Hälfte des 20. Jahrhunderts war die Medizin überwiegend vom
Paradigma des pathogenetischen Denkens geprägt (BÄUERLEN 2013: 59). Im
Zentrum des Interesses stehen dabei „gesundheitsschädigende Risikofaktoren" als Ursache von Krankheiten (BÄUERLEN 2013: 59). Dieses Denkmuster
sucht nach schädlichen Faktoren, die es zu bekämpfen gilt, um Krankheiten zu
verhindern (MÜLLER-CHRIST 2010: 367).

Die traditionelle Definition von Gesundheit ist somit eine Negativdefinition, da sie Gesundheit über „die Abwesenheit von Krankheit" definiert (FRANKE 2006: 39). Experten entscheiden, wer gesund und wer krank ist, abhängig davon, ob bestimmte messbare Werte sich inner- oder außerhalb bestimmter Normwerte befinden (FRANKE 2006: 39). Dieses Denken beherrscht auch heute noch das „westlich-industrielle Medizinsystem" und wird selbst von den Kritikern des Medizinsystems nicht unbedingt abgelehnt, da diese bei einer positiven Definition Maßstäbe befürchten, unter denen ein Großteil der Menschen als krank bezeichnet werden müssten (FRANKE 2006: 39).

Im Laufe des 20. Jahrhunderts hat sich innerhalb der Gesundheits- und Krankheitsforschung ein Wandel vollzogen. Aus der Medizinsoziologie stammend trat das Modell der Salutogenese je nach Auslegung als Konkurrent oder Ergänzung neben das der Pathogenese (FRANKE 2006: 39).

Aaron Antonovsky entwickelte den Begriff der Salutogenese aus der Stress- und Copingforschung (MÜLLER-CHRIST 2010: 369). Unter Salutogenese versteht ANTONOVSKY die Ursachen der Entstehung bzw. Erhaltung von Gesundheit (ANTONOVSKY 1979: 182; FRANKE 2006: 169). Der wichtigste Grundgedanke seines Konzeptes ist, dass Krankheiten normale Erscheinungen im Leben eines Menschen sind und Menschen sich Zeit ihres Lebens auf einem Kontinuum zwischen den Polen Gesundheit und Krankheit bewegen (ANTONOVSKY 1979: 196). Der Mensch ist im Laufe des Lebens dauerhaft Stressoren (Anforderungen) ausgesetzt, die nicht per se als schlecht anzusehen sind und ihm Handlung abverlangen. Die Konfrontation mit den Stressoren kann positive oder negative gesundheitliche Folgen haben. Als Erfolgsunterstützer identifiziert Antonovsky „generalisierte Widerstandsressourcen" (FRANKE 2006: 173). Zum einen sind dies gesellschaftliche Rahmenbedingungen, wie z.B. politische Stabilität, zum anderen individuelle Widerstandsressourcen: Kognitive Ressourcen, wie Intelligenz und Wissen, psychische Ressourcen, wie Selbstvertrauen und Ich-Identität, physiologische Ressourcen, wie körperliche Stärken und Fähigkeiten, sowie materielle Ressourcen, wie finanzielle Unabhängigkeit (FRANKE 2006: 173). Aufgrund des Paradigmenwechsels in der Gesundheitspsychologie von der pathogenetischen zur salutogenetischen Denkweise ist es heute möglich, anstatt „Was macht krank?" die Frage „Was erhält gesund?" zu stellen (ANTONOVSKY 1979: 12).

Auch Bernhard Badura prägte den Begriff der Salutogenese und der Forschungsansätze der 1970er Jahre, die er selbst als „Ressourcenforschung" bezeichnete. Dabei stehen die „gesundheitserhaltenden Schutzmaßnahmen" im

Fokus der Forschung. Diese sollen den Menschen befähigen, trotz der Gefahren des Lebens gesund zu bleiben oder zu werden (BÄUERLEN 2013: 60). Regelmäßige Bewegung, wie z.B. die Überwindung des Arbeitswegs mit einem *aktiven Verkehrsmittel,* gehört zu diesen Schutzmaßnahmen.

Die wohl bekannteste Definition von Gesundheit stammt von der Weltgesundheitsorganisation (engl. World Health Organization – WHO):

> „Health is the state of complete physical, mental and social well-being and not merely the absence of disease or infirmity." (WHO 1946)

Gesundheit im Sinne der WHO bedeutet nicht nur die Abwesenheit von Krankheit, sondern auch das Vorhandensein von mentalem, sozialem und physischem Wohlbefinden. Dieser Ansatz integriert drei Dimensionen. Die ersten beiden sind das mentale und soziale Wohlbefinden, welches stark vom inneren Empfinden einer Person abhängt. Die dritte Dimension bezieht sich auf das physische Wohlbefinden, welches sich auch von außen, beispielsweise durch das Messen von Blutwerten oder des Körperumfangs durch medizinisches Personal feststellen lässt (KIESEL 2012: 162).

Der holistische Ansatz der WHO versucht, alle möglichen Formen von Gesundheit und Krankheit einzuschließen, und gibt als politisches Ziel das ganzheitliche Wohlbefinden aller Menschen vor. Laut KIESEL können sich durch diesen normativen Ansatz jedoch Probleme ergeben, wenn „Wohlbefinden oder gar Glück zum Ziel politischer oder ärztlicher Maßnahmen wird" (KIESEL 2012: 162). Der Gesundheitsbegriff kann und sollte daher auch immer aus einer kritischen Perspektive beleuchtet werden. ANTONOVSKY bezeichnet die Definition der WHO als ein utopisches Ziel, weist jedoch auf die guten Absichten ihrer Gestalter hin (ANTONOVSKY 1979: 53).

Die Definition der WHO ist eine Kombination einer Negativ- und einer Positivdefinition. Sie bezieht nicht nur die Experten mit ein, sondern setzt auch einen Fokus auf die Betroffenen selbst, denn nur diese können äußern, ob sie sich wohlfühlen. Ein weiteres Zitat soll aufgrund seiner Stimmigkeit hier vorgebracht werden:

> „Es liegt ganz unzweifelhaft in der Lebendigkeit unserer Natur, dass die Bewusstheit sich von sich selbst zurückhält, so dass Gesundheit sich verbirgt. Trotz aller Verborgenheit kommt sie aber in einer Art Wohlgefühl zutage, und mehr noch darin, dass wir vor lauter Wohlgefühl unternehmungsoffen, erkenntnisfreudig und selbstvergessen sind und selbst Strapazen und Anstrengungen kaum spüren - das ist Gesundheit." (GADAMER 2010: 143-144)

Dieses Zitat verdeutlicht die Problematik der Messbarkeit von Gesundheit. Die Verborgenheit macht sie schwer messbar und die Subjektivität des Wohlgefühls objektiv schwer nachvollziehbar.

In einem von Udris et al. entwickelten salutogenetischen Modell der Ressourcenentwicklung wird Gesundheit als „dynamisches Gleichgewicht zwischen Schutz- und Abwehrmechanismen und krankmachenden Umwelteinflüssen" verstanden (RICHTER et al. 2011: 28). Ressourcen werden in die Kategorien organisationale, soziale und personale Ressourcen unterteilt. Zu den personalen Ressourcen gehört die Erholungsfähigkeit. Durch das Nutzen eines *aktiven Verkehrsmittels* könnte die Erholungsphase bereits vor dem Eintreffen am Wohnort beginnen und diese Ressource somit gestärkt werden.

Die vorliegende Arbeit nähert sich den Phänomenen Gesundheit und Krankheit vom Pol der Gesundheit des von ANTONOVSKY entwickelten Modells vom Kontinuum ebendieser Phänomene und soll darstellen, ob und wie es Berufstätigen mithilfe der Wahl des entsprechenden Verkehrsmittels gelingt, ihre Gesundheit zu erhalten oder zu fördern (ANTONOVSKY 1979).

2.2.2 Krankenstand in Deutschland

Die Leistungsfähigkeit Berufstätiger wird häufig an der Anzahl von Krankheitstagen gemessen. Der Ausfall einer Arbeitskraft bedeutet direkt messbare Verluste für Arbeitgeber.

2013 waren laut dem STATISTISCHEN BUNDESAMT Arbeitnehmer in Deutschland durchschnittlich 9,5 Tage krankgemeldet. Es muss allerdings beachtet werden, dass nur die Krankheitstage erfasst werden, die eine Krankheitsdauer von 3 Tagen überschreiten. Daher dürfte der tatsächliche Krankenstand höher liegen (DESTATIS 2014c). Wie sich in Abbildung 3 erkennen lässt, ist der Krankenstand der Arbeitnehmer innerhalb der vergangenen 25 Jahre insgesamt um mehr als 2 Tage gesunken. Allerdings zeigt sich innerhalb der letzten 10 Jahre wieder ein leichter Anstieg. Die Abbildung zeigt auf der linken x-Achse den Krankenstand der Personen in Prozent und auf der rechten x-Achse die Anzahl der Krankheitstage.

Der aktuelle Trend steigender krankheitsbedingter Fehlzeiten wird sich vermutlich durch den demographischen Wandel weiter fortsetzen. Betriebliche Prävention und Gesundheitsförderung sind daher wichtige Schritte, um die Fehlzeiten zu verringern und besonders den Anteil von Langzeitarbeitsunfähigkeit zu senken (ABELER u. BADURA 2013: 467).

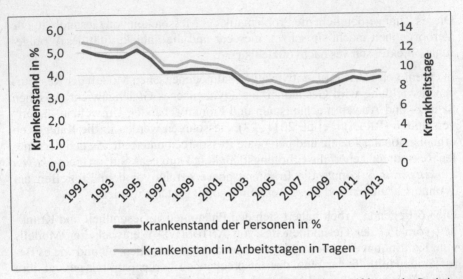

Abbildung 3:   Krankenstand je Arbeitnehmer 1991-2013 (eigene Abb., nach: Statistisches Bundesamt 2014)

Zur Interpretation der Abbildung: Im Jahr 1991 waren an einem Tag im Durchschnitt
5 Prozent der Arbeitnehmer erkrankt (linke Achse). Ein Arbeitnehmer war durchschnittlich 13 Tage krank (rechte Achse).

Im Fehlzeitenreport der AOK des Jahres 2013 zeigte sich, dass Frauen zwar
kürzer, dafür aber auch häufiger krank sind als Männer. Im Schnitt ist ein
AOK-Versicherter[8] 18,5 Tage krankgeschrieben gewesen. Die häufigsten
Fehlzeiten gingen dabei auf Muskel- und Skeletterkrankungen (21,8 Prozent)
zurück. Danach folgten Verletzungen (11,3 Prozent), Atemwegserkrankungen
(13,4 Prozent), psychische Erkrankungen (9,8 Prozent), sowie Erkrankungen
des Herz- und Kreislaufsystems sowie der Verdauungsorgane (6,2 bzw. 5,3
Prozent) (ABELER u. BADURA 2013: 323 ff.). Ein Drittel der Krankheitstage
wurde von Langzeiterkrankungen aus dem Bereich der psychischen Erkrankungen, Herz- und Kreislauferkrankungen, Verletzungen und Muskelerkran-

---

[8]   Hierbei handelt es sich um alle Versicherten, nicht nur die Berufstätigen. Aufgrund des
sog. Healthy Workers Bias liegen die durchschnittlichen Krankheitstage deutlich höher
(KREIENBROCK et al. 2012: 154).

kungen verursacht (ABELER u. BADURA 2013: 324). Viele dieser Erkrankungen ließen sich mit einer Erhöhung der sportlichen Tätigkeiten verhindern oder lindern (BMG 2006: 20).

Der „Stressreport Deutschland 2012" legt dar, dass es bei einem Großteil der Beschäftigten in Deutschland zusätzlich zu den bereits erfassten Fehlzeiten auch zum Phänomen des *Präsentismus* kommt (LOHMANN-HAISLAH 2012). *Präsentismus* bezeichnet das Verhalten, trotz vorliegender Krankheit zur Arbeit zu erscheinen und wird im Gegensatz zu krankheitsbedingten Abwesenheitstagen noch nicht regelmäßig erfasst, da der Arbeitnehmer an seinem Arbeitsplatz anwesend ist und es somit vordergründig nicht zu einem Ausfall kommt (LOHMANN-HAISLAH 2012: 134). In der repräsentativen Befragung des Stressreports 2012 gaben 36 Prozent der Befragten an, im vergangenen Jahr bei Krankheit sowohl zu Hause geblieben als auch zur Arbeit gegangen zu sein. 16 Prozent der Befragten blieben im Krankheitsfall immer zu Hause, 21 Prozent gingen immer arbeiten und 27 Prozent gaben an, nie krank gewesen zu sein (LOHMANN-HAISLAH 2012: 136). In der vorliegenden Arbeit werden auch die Tage des *Präsentismus* erfasst und ausgewertet.

2.2.3 Unternehmerische Verantwortung für Gesundheit

Arbeit nimmt meist zeitlich, aber auch emotional einen großen Stellenwert im Leben Erwachsener ein. Eine erfüllende Tätigkeit ist sinnstiftend und bereichert das Leben. In der Arbeitswelt bedeutet Gesundheit zumeist das Vermögen, die von Arbeitgebern erwartete Leistung zu erbringen. Anpassung an die von außen geforderten Ansprüche, aber auch Erfüllung eigener Wünsche sind die Fähigkeiten, die in einer flexiblen Arbeitswelt besonders wichtig sind. Die Leistungsfähigkeit ist eine Messgröße, die nicht dem schulmedizinischen System, sondern der Psychologie und der Soziologie entstammt. Für ihre Messbarkeit spielt in Industrieländern die Arbeitsfähigkeit eine besondere Rolle (FRANKE 2006: 43).

Für die Erhaltung und Förderung der Gesundheit ist nicht nur der Arbeitnehmer im Sinne einer „Privatisierung der Gesundheit" verantwortlich (UHLE u. TREIER 2013: 33). Wichtig ist es, dass es Arbeitgebern gelingt, den Arbeitnehmern zu ermöglichen, einen stabilen Gesundheitszustand zu erhalten und zu bewahren.

MÜLLER-CHRIST stellt dar, dass Unternehmen nur dann dauerhaft Bestand haben können, wenn es ihnen gelingt, „dauerhaft Probleme für die Gesellschaft zu lösen" (MÜLLER-CHRIST 2010: 364). Dabei ist es nicht nur wichtig, einen

Beitrag zu einer nachhaltigen Entwicklung zu leisten, sondern selbst zu einem nachhaltigen Unternehmen zu werden. In diesem Zusammenhang spricht MÜLLER-CHRIST von einer Versöhnung der herkömmlichen Managementlehre mit dem Gesundheitsmanagement, in deren Folge ein gesundes Unternehmen fortwährend in seine „materiellen und immateriellen Ressourcen" investiert, um die Stabilität langfristig zu unterstützen (MÜLLER-CHRIST 2010: 367). Nicht nur von Arbeitnehmern wird heute Mobilität im räumlichen und sozialen Sinne erwartet. Laut SCHNEIDER et al. müssen auch Organisationen „veränderungsoffen und flexibel" – mobil – sein (SCHNEIDER et al. 2002: 25). In Kapitel 6 werden Handlungsempfehlungen für Unternehmen vorgestellt, die sich aus den Ergebnissen dieser Untersuchung ableiten lassen.

2.3   Die Schnittstelle von Mobilität und Gesundheit

Um die Verknüpfung von Mobilität und Gesundheit darzustellen, wird zunächst der Zusammenhang zwischen Bewegung und Gesundheit skizziert (Kapitel 2.3.1). Anschließend wird die Verbindung zum Arbeitsweg hergestellt und ein Überblick über den Stand der Forschung gegeben. In Kapitel 2.3.2 wird ein Überblick über die allgemeinen gesundheitlichen Auswirkungen verschiedener Verkehrsmittel oder anderer Faktoren des Arbeitswegs gegeben. In den folgenden Kapiteln wird der bisher erforschte Einfluss auf Krankheitstage, BMI und Wohlbefinden erläutert (Kapitel 2.3.3, 2.3.4 und 2.3.5). Unter Berücksichtigung des Forschungsstands werden schließlich die Hypothesen entwickelt (Kapitel 2.4).

2.3.1   Auswirkung von Bewegung auf die Gesundheit

Bewegung ist ein wichtiger Faktor sowohl für die physische, als auch für die psychische Gesundheit. Laut einer Veröffentlichung der WHO ist unzureichende Bewegung einer der 10 führenden Risikofaktoren für die globale Sterblichkeit und verursacht 2,8 Prozent der Todesfälle weltweit (MURRAY et al. 2012; WHO 2014a). Die Gesamtsterblichkeit sinkt linear bei einer Erhöhung der täglichen physischen Aktivität (LEE u. SKERRETT 2001).

Ein nicht geringer Anteil der Krankheitstage kommt durch psychische Erkrankungen zustande (siehe Kapitel 2.2.2). Für Depression und Angststörungen, die häufigsten psychischen Erkrankungen, ist neben einer möglicherweise notwendigen medikamentösen Behandlung, ein Sportprogramm und eine Ernährungsumstellung eine gute Ergänzung (BMG 2006: 30-31). Verschiedene Studien konnten einen Zusammenhang zwischen erhöhter physischer Aktivität und der Minderung von depressiven Symptomen zeigen. Auch die erhöhte Morbidität durch Depressionen lässt sich durch ein gezieltes Bewegungsprogramm senken (DILORENZO et al. 1999; COONEY et al. 2013; AGUDELO et al. 2014).

Besonders bezüglich der Prävention koronarer Herzerkrankungen zeigt sich ein starker Zusammenhang mit moderater Bewegung. Zum Beispiel zeigen Frauen, die mehr als 3 Stunden pro Woche zu Fuß gehen, ein 30-40 Prozent geringeres Risiko solcher koronaren Erkrankungen (MANSON et al. 1999).

Zusammenfassend lässt sich sagen, dass die Bewegung eine Vielzahl von Erkrankungen lindern oder verhindern kann.

2.3.2 Gesundheitliche Auswirkungen des Arbeitswegs

Insgesamt ist es schwierig, die Auswirkungen der Verkehrsmittelwahl auf die Gesundheit darzustellen, da es sich bei der Gesundheit um ein komplexes Zusammenspiel einer Vielzahl von Ursachen handelt (vgl. STADLER et al. 2000). Dennoch beschäftigen sich Forscher seit Jahrzehnten mit der Thematik, und die Ergebnisse weisen alle in eine ähnliche Richtung. Es zeichnet sich ab, dass aktive Verkehrsmittel, wie das Fahrradfahren und das Zu-Fuß-Gehen dem ÖPNV und dem MIV in den unterschiedlichsten Aspekten der Gesundheit und des Wohlbefindens überlegen sind.

Bereits im in den 70er und 80er Jahren des 20. Jahrhunderts konnten NOVACO et al. in mehreren Studien in Kalifornien zeigen, dass Berufspendeln und insbesondere Staus sich negativ auf die Gesundheit auswirken (NOVACO et al. 1979; NOVACO et al. 1989). In einer weiteren Studie im Jahr 1990 mit 99 Teilnehmern aus zwei Unternehmen ließ sich nachweisen, dass Frauen stärker unter den negativen Effekten des Pendelns litten als Männer, wobei nicht ausgeschlossen werden konnte, dass dieser Umstand an anderen Aufgaben lag, die die Frauen während des Pendelns (wie z.B. Kinderbetreuung) übernahmen (NOVACO et al. 1991).

ANDERSEN et al. konnten in einer dänischen Längsschnittstudie über einen Zeitraum von 14,5 Jahren mit 30.000 Teilnehmern zeigen, dass die allgemeine Sterblichkeit um 40 Prozent sinkt, wenn Arbeitnehmer mit dem Fahrrad zur Arbeit fahren. In der Gruppe der Frauen zeigte sich dabei eine zusätzliche Verbesserung, wenn auch die Arbeit selbst bewegungsreich war. Für Männer ließ sich dieser zusätzliche Effekt nicht nachweisen (ANDERSEN et al. 2000). SHEPHARD ergänzt diese Erkenntnisse durch genaue Empfehlungen: So reichen 2 mal täglich 11 Minuten Fahrradfahren bei einer Geschwindigkeit von 16 km/h oder zweimal täglich ein knapp 2 km langer Fußmarsch in etwa 20 Minuten, um die allgemeine Sterblichkeit signifikant zu senken. Jüngere Erwachsene sollten allerdings anspruchsvollere oder längere Strecken zurücklegen (SHE-PHARD 2008).

Finnische Forscher konnten in Untersuchungen mit mehreren tausend Teilnehmern zeigen, dass neben sportlicher Aktivität in der Freizeit auch das aktive Pendeln einen protektiven Einfluss hat auf verschiedene Erkrankungen, wie Diabetes Typ 2, koronare Herzerkrankungen und Schlaganfall (HU et al. 2003; HU et al. 2004; HU et al. 2005; HU et al. 2007).

Ein häufig genutztes Argument gegen das aktive Pendeln in Großstädten sind Gesundheitsschäden, die durch eine höhere Konzentration von Schadstoffen auf vielbefahrenen Straßen entstehen können. Tatsächlich zeigt sich insbesondere an heißen, wolkenfreien Tagen eine hohe Konzentration an städtischen Schadstoffen in der Luft (CARLISLE 2001). Jedoch überwiegen die gesundheitlichen Vorteile eines Umstiegs auf das Fahrrad, auch wenn Fahrradfahrer zum Teil höheren Schadstoffemissionen ausgesetzt sind als Autofahrer. Meist können Fahrradfahrer auf weniger befahrene Routen ausweichen und damit einer großen Schadstoffbelastung entgehen (RABL u. NAZELLE 2012). Für Fußgänger zeigt sich eine geringere Belastung als für Fahrradfahrer. Zum einen, da sie räumlich weiter von den Autos entfernt sind, zum anderen, da durch die geringere körperliche Anstrengung eine niedrigere Atemfrequenz nötig ist (SHEPHARD 2008). Eine holländische Studie konnte zeigen, dass auch unter Einbezug der Gefahren des aktiven Verkehrs durch Luftverschmutzung oder Verkehrsunfälle die gesundheitlichen Vorteile deutlich überwiegen. Dies ließ sich allerdings bisher nur für Industrienationen nachweisen (JOHAN DE HAR-TOG et al. 2010). Diese Ergebnisse bestätigt auch eine spanische Längsschnittstudie mit 181.982 Fahrradfahrern, die sich mit den gesundheitlichen Vor- und Nachteilen von Fahrrad-Sharing-Systemen beschäftig hat. Die Forscher konnten zeigen, dass die gesundheitlichen Vorteile durch die körperliche Bewegung die Nachteile durch die Luftverschmutzung und ein erhöhtes Unfallrisiko in den Schatten stellen (ROJAS-RUEDA et al. 2011). Langfristig führt eine Veränderung des *Modal Splits* zu Gunsten aktiver Verkehrsmittel zudem zu einer Reduktion von Schadstoffen in urbanen Gebieten (GRABOW et al. 2011).

Pendler sind aus Kostengründen häufig mit dem ÖV oder bei fehlenden oder ungünstigen Verbindungen auch mit dem MIV unterwegs. Durch den langen Arbeitsweg sind sie besonderen Belastungen ausgesetzt und leiden häufiger unter Stress als Nicht-Pendler (COSTAL et al. 1988). Schon der Wechsel vom

MIV zum ÖV kann durch die erhöhte physische Aktivität einen positiven Gesundheitseffekt haben. MORABIA et al. untersuchten in einer Längsschnittstudie mit einer Stichprobengröße von 21 Teilnehmern die Auswirkungen auf den Energieverbrauch beim Wechsel vom privaten Verkehr auf den öffentlichen Nahverkehr. Bei fünf Arbeitstagen pro Woche verlor ein Pendler, der den ÖPNV nutzte, innerhalb von sechs Wochen etwa 0,5 kg Körperfett mehr als ein Autofahrer (MORABIA et al. 2010).

Ein weiterer Einflussfaktor auf die Gesundheit scheint die Anzahl der Phasen oder der Straßenwechsel des Arbeitswegs zu sein. Mehrere Untersuchungen konnten beweisen, dass die Anzahl der Straßenwechsel mit dem MIV oder der Umstiege mit dem ÖV die Gesundheit stärker negativ beeinflusst, als die reine Fahrstrecke (NOVACO et al. 1989; WENER et al. 2003; TAYLOR u. POCOCK 1972).

Der Besitz eines Autos und eine gute Gesundheit schließen sich natürlich keineswegs aus. Verschiedene Studien legen nahe, dass Autobesitzer häufig einen höheren Gesundheitsstatus haben als Nutzer des ÖPNV. Dies lediglich auf den höheren ökonomischen Status zu reduzieren, hat sich nicht als stichhaltig erwiesen, da der sozio-ökonomische Status herausgerechnet wurde (MACINTYRE 2001; ELLAWAY et al. 2003). Dieser Zusammenhang könnte laut ELLAWAY et al. u.a. an dem durch das Auto generierten Selbstwertgefühl liegen. Der Einfluss auf das Selbstwertgefühl durch den Autobesitz zeigt sich bei Männer deutlich stärker als bei Frauen (ELLAWAY et al. 2003).

2.3.3 Einfluss des Arbeitswegs auf die Krankheitstage

Die Auswirkungen der Verkehrsmittelwahl auf die Krankheitstage von Arbeitnehmern wurden in verschiedenen Studien untersucht.

TAYLOR u. POCOCK zeigten bereits 1972 anhand einer Untersuchung in London mit 2045 Personen, dass die Wahl des Verkehrsmittels einen signifikanten Einfluss auf die Krankheitstage haben kann. Sie zeigten, dass Autonutzer dabei 20 Prozent mehr Krankheitstage und 17 Prozent mehr Abwesenheitseinzelfälle zu verzeichnen hatten als Personen, die keinen privaten Transport nutzten. Besonders deutlich war dieser Zusammenhang bei der Gruppe der jungen Männer, deren Fehlzeit um 38 Prozent höher lag als die von jungen Männer, die nicht mit dem Auto fuhren. Personen, die andere private Verkehrsmittel (Fahrrad, Mofa und Motorrad) nutzten, hatten die niedrigste Abwesenheitsrate. Einen Effekt durch die Fahrdauer ließ sich erst ab einer Dauer von eineinhalb Stunden pro Strecke nachweisen. Ebenfalls einen starken Einfluss auf die Abwesenheitstage hatte die Anzahl von Stationen oder Etappen, welche bei Nutzung des ÖV auftreten können (TAYLOR u. POCOCK 1972).

In einer holländischen Querschnittsstudie wurden Krankheitstage über ein Jahr aufgezeichnet und ein Selbstauskunftsbogen ausgefüllt, um die Verkehrsmittelwahl zu dokumentieren. Es zeigten sich signifikante Unterschiede zwischen Fahrradfahrern und Nicht-Fahrradfahrern. Nicht-Fahrradfahrer waren dabei im Durchschnitt 1 Tag häufiger krank als Fahrradfahrer. Zudem wurde das Verhältnis von Krankheitstagen und der Fahrgeschwindigkeit und Streckenlänge analysiert. Auch hier zeigte sich ein signifikanter Zusammenhang. Fahrradfahrer, die einen Arbeitsweg von weniger als 5 km hatten, waren mehr Tage krank als Personen, die längere Distanzen zurücklegten (HENDRIKSEN et al. 2010).

Dem ÖV wird nachgesagt, dass man sich in Zügen und Bussen überdurchschnittlich häufig mit banalen Erkältungsinfekten infiziere. In wissenschaftlichen Untersuchungen gibt es zu diesem Thema unterschiedliche Ergebnisse. TAYLOR u. POCOCK konnten zeigen, dass sich von den Personen, die den ÖV an keinem Tag nutzten, genauso viele Personen mit Grippe anstecken wie unter den Nutzern des ÖV. Innerhalb der ÖV-Nutzer zeigte sich ein Zusammenhang zwischen Ansteckungsrate und Auslastung der Züge. In ausgelasteten Zügen lag diese während einer Grippewelle bei 31 Prozent, im Gegensatz zu 18 Prozent in weniger frequentierten Zügen (TAYLOR u. POCOCK 1972). Im Kontrast dazu stehen die Ergebnisse einer holländischen Studie, die zeigen konnten, dass Nutzer des ÖV durchschnittlich kränker waren als andere Pendler, vor allem Fahrradfahrer und Fußgänger (KOENDERS u. VAN DEURSEN 2008). KOENDERS u. VAN DEURSEN kommen zu dem Schluss, dass das Erkrankungsrisiko im ÖV steigt, je länger die Fahrt dauert (KOENDERS u. VAN DEURSEN 2008). Diese Aussage wird auch von HANSSON et al. gestützt, die in einer schwedischen Querschnittsstudie zeigen konnten, dass die Wahrscheinlichkeit für überdurchschnittlich viele Krankheitstage mit der Fahrzeit sowohl beim MIV als auch beim ÖV steigt (HANSSON et al. 2011). KARLSTRÖM u. ISACSSON kommen bei einer Auswertung der Daten von über einer Million schwedischer Arbeitnehmer zu einem gegenteiligen Ergebnis. Sie können nicht nachweisen, dass die Dauer der Fahrstrecke eine Auswirkung auf die Anzahl langer Krankheitsepisoden hat (KARLSTRÖM u. ISACSSON 2009). Weitere Forschung ist nötig, um den Zusammenhang zwischen Nutzung von ÖV und der Infektion mit übertragbaren Erkrankungen zu klären.

NOVACO et al. machen die Anzahl der Straßenwechsel für die Höhe der Krankheitstage verantwortlich. Sie konnten zeigen, dass diese positiv mit der Anzahl von Krankheitstagen, Erkältungen und Grippeerkrankungen korreliert. Kein Zusammenhang zeigte sich bei einer Ergänzung des Modells durch die Zeit und die Strecke des Arbeitswegs (NOVACO et al. 1989).

2.3.4 Einfluss des Arbeitswegs auf den Body-Mass-Index

Bei allen Bewertungen des Body-Mass-Indexes (BMI) in Zusammenhang mit gesundheitlichen Fragen ist es wichtig zu beachten, dass es eine Vielzahl von verschiedenen Definitionen und Bewertungsmöglichkeiten innerhalb dieses *Konstrukts* gibt. Die BMI-Grenzen werden üblicherweise normativ ausgelegt, wobei sich gezeigt hat, dass leichtes Übergewicht nicht mit einer erhöhten Sterblichkeit assoziiert ist, wie die Ergebnisse mehrerer Untersuchungen zeigen konnten (KLENK et al. 2009; ZHENG et al. 2011).

In verschiedenen Studien konnte ein Zusammenhang zwischen der Wahl des Verkehrsmittels und Übergewicht sowie Fettleibigkeit nachgewiesen werden (WEN u. RISSEL 2008; LINDSTRÖM 2008; WANNER et al. 2012; FLINT et al. 2014). Zudem hat sich gezeigt, dass mit einem steigenden BMI die direkten und indirekten ökonomischen Kosten für einen Angestellten innerhalb eines Unternehmens steigen (BURTON 1998).

In einer australischen Querschnittsstudie konnte aufgezeigt werden, dass Fahrradfahrer und Nutzer des ÖV weniger wahrscheinlich übergewichtig waren als solche, die ihren Arbeitsweg mit dem MIV zurücklegten. Signifikante Unterschiede konnten jedoch nur für Männer belegt werden (WEN et al. 2006; WEN u. RISSEL 2008). Auch eine schwedische Studie zeigte ein signifikant niedrigeres Risiko, übergewichtig oder fettleibig zu werden, für Fahrradfahrer, Fußgänger und Nutzer des ÖPNV im Vergleich zu Autofahrern (LINDSTRÖM 2008).

In einer repräsentativen Londoner Studie konnte ein Zusammenhang zwischen der Nutzung verschiedener Verkehrsmittel und dem BMI bzw. Körperfettanteil nachgewiesen werden. Dabei zeigte sich, dass der BMI von Männern, die mit dem ÖPNV oder *aktiven Verkehrsmitteln* zur Arbeit fuhren, 1,1 bzw. 0,97 Punkte unter denen der Nutzer des MIV lagen. Bei Frauen zeigte sich ein um 0,72 bzw. 0,87 Punkte niedrigerer BMI. Für das Körperfett zeigten sich ähnliche Ergebnisse (FLINT et al. 2014).

Bei Teilnehmern einer Studie in Atlanta, USA, erhöhte sich das Risiko für Übergewicht mit jeder gefahrenen Autostunde pro Tag um 6 Prozent. Jeder

Kilometer, der täglich zu Fuß gegangen wurde, verringerte das Risiko hingegen um 4,8 Prozent (FRANK et al. 2004).

2.3.5   Einfluss des Arbeitswegs auf Wohlbefinden und Stress

In einer Untersuchung mit mehreren Untersuchungs- und Erhebungsinstrumenten mit 220 Personen aus 7 Unternehmen konnten STADLER et al. einen Zusammenhang zwischen der Beanspruchung durch den Arbeitsweg und dem Wohlbefinden bei Arbeitsbeginn nachweisen. STADLER et al. untersuchten das Wohlergehen und das Beanspruchungserleben zu Arbeitsbeginn und –ende und konnten zeigen, dass die Fahrtdauer einen größeren Einfluss auf das Stressempfinden der Probanden hatte als die Wahl zwischen MIV und ÖV. Zudem konnten die Forscher zeigen, dass die Befindlichkeit von Pendlern[9] bereits vor Fahrtantritt signifikant schlechter war, als die der Nicht-Pendler, etwa durch eine kürzere Schlafzeit und das Auslassen des Frühstücks. Nutzer des MIV stuften ihre Fahrt häufiger als komfortabel ein und in Folge dessen gaben sie auch ein geringeres Belastungserleben an (STADLER et al. 2000). Auch STUTZER u. FREY konnten bei der Analyse eines großen deutschen Datensatzes[10] zeigen, dass die Dauer des täglichen Arbeitswegs einen deutlichen Einfluss auf das Wohlbefinden von Arbeitnehmern zu haben scheint. Die Vorteile, die mit einem längeren Arbeitsweg verbunden sind, wie beispielsweise ein besserer Job oder eine günstigere Wohngegend, zahlen sich nach Meinung der Forscher nicht aus (STUTZER u. FREY 2008: 363). Auch in der Untersuchung von HANSSON et al. zeigte sich, dass die Länge des Arbeitswegs von MIV- und ÖV-Nutzern positiv mit dem Stress von Arbeitnehmern korreliert (HANSSON et al. 2011).

Bezogen auf Nicht-Pendler scheint die Dauer des Arbeitswegs jedoch einen geringeren Einfluss auf das Wohlbefinden zu haben als die Wahl des Verkehrsmittels. MARTIN et al. untersuchten den Zusammenhang zwischen Wohlbefinden und Verkehrsmittelwahl und konnten zeigen, dass die Entscheidung für ein *aktives Verkehrsmittel* das Wohlbefinden positiv beeinflusst. Die Zeit, die man durch eine kürzere Fahrt mit dem MIV sparen konnte, zeigte deutlich weniger positive Auswirkungen (MARTIN et al. 2014).

---

[9]   STADLER et al. definieren einen Pendler als Person mit einem Arbeitsweg über 45 Minuten (STADLER et al. 2000).

[10] Das sozio-ökonomische Panel SOEP ist eine repräsentative Wiederholungsbefragung deutscher Haushalte (STUTZER u. FREY 2008).

Die allgemeine Zufriedenheit wird durch die Zufriedenheit mit dem Arbeitsweg positiv beeinflusst (OLSSON et al. 2013). ST-LOUIS et al. konnten zeigen, dass Fahrradfahrer, Fußgänger und Zugfahrer zufriedener sind als Autofahrer, Bus- und Metronutzer (ST-LOUIS et al. 2014). Das allgemeine Stressempfinden ist auch nach Einbezug der sonstigen Lebens- und Arbeitsbedingungen bei Nutzern des MIV deutlich höher im Vergleich zu Nutzern *aktiver Verkehrsmittel* (GOTTHOLMSEDER et al. 2009).

Stau auf dem Arbeitsweg hat eine besonders negative Bedeutung für den Stress von Arbeitnehmern, wie NOVACO et al. zeigen konnten. Ein Zusammenhang zwischen Zeit und Distanz des Arbeitswegs auf das Stresslevel der Berufstätigen ließ sich nicht feststellen. Jedoch zeigt sich zwischen der Distanz und der gefahrenen Geschwindigkeit ein Einfluss auf den systolischen und diastolischen Blutdruck (NOVACO et al. 1979). Eine britische Querschnittsuntersuchung mit 1.164 Teilnehmern konnte einen Zusammenhang zwischen der Dauer des Arbeitswegs mit einem *aktiven Verkehrsmittel* und dem physischen sowie dem mentalen Wohlbefinden feststellen. Dabei zeigte sich, dass ein langer Arbeitsweg (mit einem *aktiven Verkehrsmittel* gefahren) sich positiv auf das Wohlbefinden auswirkt (HUMPHREY et al. 2013).

2.4 Aufstellung der Hypothesen

Die Theorie, dass die Gesundheit Berufstätiger durch die Wahl der Verkehrsmittel beeinflusst wird, leitet sich aus einer Vielzahl von Forschungsergebnissen ab, die in Kapitel 2.3 dargestellt worden sind.

In der Einleitung wurden bereits die Forschungsfragen vorgestellt (Kapitel 1). Zur Beantwortung der ersten Forschungsfrage werden die folgenden Hypothesen aufgestellt:

Hypothese 1: Die Wahl des Verkehrsmittels auf dem Arbeitsweg hat Einfluss auf die Gesundheit Berufstätiger.

Hypothese 1a: Die Wahl des Verkehrsmittels beeinflusst die Zahl der Krankheitstage Berufstätiger.

Hypothese 1b: Die Wahl des Verkehrsmittels beeinflusst den BMI Berufstätiger.

Hypothese 1c: Die Wahl des Verkehrsmittels beeinflusst das Well-Being Berufstätiger.

Zur Beantwortung der zweiten Forschungsfrage werden folgende Hypothesen aufgestellt:

Hypothese 2: Die Streckenlänge und Fahrtdauer des täglichen Arbeitswegs von Fahrradfahrern beeinflussen die Gesundheit positiv.

Hypothese 2a: Je länger die Streckenlänge und Fahrtdauer des täglichen Arbeitswegs von Fahrradfahrern, desto geringer die Zahl der Krankheitstage.

Hypothese 2b: Je länger die Streckenlänge und Fahrtdauer des täglichen Arbeitswegs von Fahrradfahrern, desto niedriger der BMI.

Hypothese 2c: Je länger die Streckenlänge und Fahrtdauer des täglichen Arbeitswegs von Fahrradfahrern, desto höher das Well-Being.

Hypothese 3: Die Streckenlänge und Fahrtdauer des täglichen Arbeitswegs von MIV-Nutzern beeinflussen die Gesundheit negativ.

Hypothese 3a: Je länger die Streckenlänge und Fahrtdauer des täglichen Arbeitswegs von MIV-Nutzern, desto höher die Anzahl der Krankheitstage.

Hypothese 3b: Je länger die Streckenlänge und Fahrtdauer des täglichen Arbeitswegs von MIV-Nutzern, desto höher der BMI.

Hypothese 3c: Je länger die Streckenlänge und Fahrtdauer des täglichen Arbeitswegs von MIV-Nutzern, desto niedriger das Well-Being.

Hypothese 4: Die Fahrtdauer des täglichen Arbeitswegs von ÖPNV-Nutzern beeinflusst die Gesundheit negativ.

Hypothese 4a: Je länger die Fahrtdauer des täglichen Arbeitswegs von ÖPNV-Nutzern, desto höher die Anzahl der Krankheitstage.

Hypothese 4b: Je länger die Fahrtdauer des täglichen Arbeitswegs von ÖPNV-Nutzern, desto höher der BMI.

Hypothese 4c: Je länger die Fahrtdauer des täglichen Arbeitswegs von ÖPNV-Nutzern, desto niedriger das Well-Being.

Die Operationalisierung dieser Hypothesen findet in Kapitel 3.2.1 durch die Erstellung des Fragebogens statt.

3 Methodik

Die Beschreibung der Methodik erfolgt in mehreren Schritten. Zunächst erfolgt eine Beschreibung des Forschungsdesigns (Kapitel 3.1), in welchem Grundlegendes zu epidemiologischen Studien (Kapitel 3.1.2), die Grundgesamtheit sowie die Auswahl der Stichprobe (Kapitel 3.1.3) und das Erhebungsinstrument (Kapitel 3.1.4) erläutert werden. Anschließend werden der verwendete Fragebogen und die Vorgehensweise bei der Analyse der Daten erläutert (Kapitel 3.2). Die Tests der statistischen Auswertungen werden abschließend dargestellt (Kapitel 3.3).

3.1 Forschungsdesign

3.1.1 Forschungsstrategie

Die Auswahl einer geeigneten Forschungsstrategie ist einer der wichtigsten Schritte der Forschungsarbeit. Die Vorgehensweise dieser Arbeit folgt dem deduktiven Schema und wendet die Methode der quantitativen Befragung an. Bereits seit den 60er Jahren des 20. Jahrhunderts sind in der verkehrsgeographischen Forschung quantitative Verfahren von Bedeutung (RIMMER 1985: 271–274). Anders als in anderen Teildisziplinen der Geographie liegt der Fokus auch heute noch auf der quantitativen Forschung. Die quantitative Forschung eignet sich besonders zum Testen von Hypothesen und durch das standardisierte Vorgehen lassen sich große Stichproben untersuchen.

Die aufgestellten Hypothesen (vgl. Kapitel 2.4) lassen sich durch die Auswertung der gesammelten Daten falsifizieren oder stützen. Allerdings kann man die Hypothesen laut POPPER (2002), dem Begründer des Kritischen Rationalismus, niemals beweisen (POPPER 2002: 31 ff). Laut BLAIKIE kann das Ziel der Forschung nicht das Finden der „einen Wahrheit" sein, sondern vielmehr das Erstellen einer Erklärung neben weiteren möglichen Erklärungen. Diese Erklärung ist so lange nützlich, bis sich eine bessere Erklärung bietet (BLAIKIE 2010: 87). Die Theorie wird dann als vorläufig betrachtet, nicht als wahr (BLAIKIE 2010: 98). Bei einer Falsifikation der Hypothesen muss die Theorie angepasst werden.

Hypothesen werden durch das Operationalisieren der verwendeten *Konstrukte* getestet. Dabei werden die gesammelten Daten durch geeignete statistische

Tests, wie Korrelationen oder Regressionen auf einen Zusammenhang der Messgrößen untersucht (BLAIKIE 2010: 147).

Operationalisierung bezeichnet das Verfahren, bei dem einer Forschungsfrage „möglichst eindeutige Äquivalente" zugeordnet werden (LAMBERTI 2001: 25). Das *Konstrukt* „Gesundheit" wird über die *Indikatoren* Krankheitstage, BMI und Well-Being messbar gemacht. Um die Maße der *Indikatoren* zu erfassen, wird ein Fragebogen eingesetzt (LAMBERTI 2001: 25).

3.1.2 Epidemiologisches Studiendesign

Die Epidemiologie ist die „Lehre von der Verteilung der Krankheiten in der Bevölkerung" (KLUG et al. 2004: 7). Dabei werden die deskriptive und die analytische Epidemiologie unterschieden, wobei letztere sich mit den Korrelationen der Krankheiten mit bestimmten Risikofaktoren beschäftigt. Die wichtigsten Forschungsdesigns der Epidemiologie sind die Kohortenstudie, die Fall-Kontroll-Studie und die Querschnittsstudie. Querschnittsstudien erfassen im Gegensatz zu Längsschnittstudien Daten zu einem bestimmten Zeitpunkt (FRIEDRICHS 1990: 116-117). KLUG et al. beschreiben, dass Querschnittsstudien sich nur bedingt als Kausalitätsnachweis eignen, da häufig ein längerer Zeitraum zwischen „Exposition und Erkrankung" liegt (KLUG et al. 2004: 9). Sie bieten allerdings den Vorteil, zügig und mit einfachen Mitteln durchführbar zu sein. In der neueren epidemiologischen Forschung stehen unter anderem Arbeitsplatzbelastungen und der Einfluss von Umweltfaktoren auf die Gesundheit im Fokus (KREIENBROCK u. SCHACH 2005: 6). Als Quelle für epidemiologische Forschung stehen Primärstatistiken, Sekundärstatistiken und zahlreiche Daten des Gesundheitswesens der BRD zur Auswahl. Primärstatistiken, wie die hier vorliegende, bieten den Vorteil, dass sich die Informationen direkt auf die vorliegende Fragestellung beziehen (KREIENBROCK u. SCHACH 2005: 21). Ein Nachteil ist, dass anders als bei der Verwendung sekundärer oder tertiärer Daten, bei der die Qualität einigermaßen sichergestellt ist, die Erhebung und die Beurteilung der Güte in den Aufgabenbereich des Forschers fallen. Zudem ist eine eigene Erhebung zeit- und kostenintensiver als das Verwenden bereits vorhandener Datensätze (BLAIKIE 2010: 161).

Mit epidemiologischen Methoden lassen sich epidemiologische Erkenntnisse gewinnen (KREIENBROCK u. SCHACH 2005: 2). Bei der Identifizierung von Ursachen muss auf die „Vermengung von Ursachen" und den daraus entstehenden „bias" geachtet werden (KREIENBROCK u. SCHACH 2005: 4). Bias bedeutet in diesem Kontext, die systematische Über- oder Unterschätzung der wahren Beziehung zwischen Variablen (KREIENBROCK u. SCHACH 2005: 4).

Aufgrund der Fragen zu persönlichen und gesundheitlichen Belangen wurde der Fragebogen und eine Darstellung des Forschungsvorhabens bei der Ethik-Kommission[11] der Universität Bonn eingereicht. Dem Antrag zur Durchführung einer epidemiologischen Untersuchung wurde ohne Auflagen stattgegeben.

3.1.3 Grundgesamtheit und Generierung der Stichprobe

Die Grundgesamtheit der Untersuchung ist die berufstätige Bevölkerung der Bundesrepublik Deutschland. Die Grundgesamtheit ist die Menge der Personen, für die die Aussagen der analytischen Statistik gemacht werden (EBSTER u. STALZER 2002: 187).

Die Studie erhebt keinen Anspruch auf eine vollständige Repräsentativität, da nicht jeder Berufstätige die gleiche Chance hatte, in die Stichprobe zu gelangen (HUG u. POSCHESCHNIK 2010: 176). Um die Stichprobe zu generieren, wurde auf die sogenannte Snowball-Sampling-Method zurückgegriffen (HECKATHORN 2011; BLAIKIE 2010: 179). Die Befragung wurde ausgehend von einem großen E-Mail-Adressendatensatz des Mobilitätsberatungsunternehmens EcoLibro GmbH gestartet und von den angesprochenen Personen weiter gestreut. Diese Auswahl hat einen gewissen „sampling bias"[12] zur Folge (BLAIKIE 2010: 180). Allein durch die ausschließliche Befragung Berufstätiger kommt es zu einer gewissen Verzerrung, dem sogenannten „Healthy Worker Effect" (KREIENBROCK et al. 2012: 154). Der Healthy Worker Effect besagt, dass Personen, die einer beruflichen Beschäftigung nachgehen, eine geringere Sterblichkeit haben als diejenigen, die keiner Beschäftigung nachgehen (MCMICHAEL 1976). Dies zeigt sich in der vorliegenden Untersuchung beispielsweise in der Zahl der Krankheitstage, die deutlich von der der Gesamtbevölkerung abweicht. Da überwiegend Akademiker und hochqualifizierte Fachkräfte an der Befragung teilgenommen haben, kommt es hier zu einer weiteren Verzerrung.

3.1.4 Erhebungsinstrument und Befragungszeitraum

Als Erhebungsinstrument wurde ein vollstandardisierter Online-Fragebogen des für Studenten kostenlosen Angebots der Website *www.umfrage-online.de*

---

[11] Die Website der Ethik-Kommission mit Erklärungen zum Verfahren findet sich unter: http://ethik.meb.uni-bonn.de/

[12] Sampling bias (engl.): Stichprobenverzerrung.

genutzt. Ein Online-Fragebogen ist eine Sonderform der schriftlichen Befragung. Die Online-Befragung bietet eine Reihe von Vorteilen, wie die schnelle Durchführbarkeit, die geringen Kosten und die ansprechende Präsentationsmöglichkeit der Fragen (DIEKMANN 2008: 522). Zudem werden die erhobenen Daten als Excel oder SPSS-Datei zur Verfügung gestellt.

Durch das Erheben auf Basis eines Online-Fragebogens kann es zu Verzerrungen kommen. EICHHORN spricht von einem „Dilemma der Online-Forschung", da es im Kontext von Online-Befragungen durch die unterschiedliche Nutzung des Internets, unterschiedliches Interesse und Zeitbudget durch verschiedene Personengruppen zu Stichprobenverzerrungen kommen kann. Auch könnte ein Nutzer Kontrolle fürchten und den Fragebogen falsch oder mehrfach ausfüllen (EICHORN 2004: 40). Um diese Verzerrungen so weit wie möglich zu umgehen, wurde für die Befragung ein besonders großes Zeitfenster von 2 Monaten angesetzt, um auch Personen, die das Internet nur selten nutzen, die Gelegenheit zu geben, an der Studie teilnehmen zu können. Durch das Interesse und die Unterstützung Einzelner kam es zu Platzierungen der Studie auf zahlreichen Websites, in Intranets und der Verteilung über Newsletter. Außerdem versendeten zahlreiche Teilnehmer die Erklärung zur Studie und den Link über ihre privaten und beruflichen E-Mail-Verteiler. Die Befragung wurde vom 1. November 2014 bis zum 31. Dezember 2014 durchgeführt.

Das Anschreiben und der Online-Fragebogen befinden sich im Anhang.

3.2   Fragebogen und Datenweiterbearbeitung

Im Folgenden wird der Aufbau des Fragebogens erläutert (Kapitel 3.2.1). Zur Darstellung und Analyse der Daten wurde eine Vielzahl von einzelnen Schritten durchgeführt. Die abgefragten Variablen wurden für die Auswertung zum Teil aufbereitet oder klassifiziert. Die durchgeführten Schritte sind in den Kapiteln 3.2.2 bis 3.2.5 dargestellt.

3.2.1   Der Fragebogen

Die Operationalisierung der Hypothesen wird über einen Fragebogen ausgeführt. Dieser gliedert sich in drei Teile. Teil 1 beschäftigt sich mit dem Mobilitätsverhalten, Teil 2 mit der Gesundheit, Teil 3 mit demographischen Kennzahlen. Es handelt sich um einen vollstandardisierten Fragebogen mit geschlossene, halboffenen und einigen offenen Fragen (EBSTER u. STALZER 2002: 212).

Zu Beginn des Fragebogens wurden die Teilnehmer über den Hintergrund der Befragung informiert. Zu einer Teilnahme aufgefordert wurden nur diejenigen, die einen Arbeitsweg haben und mindestens 20 Stunden pro Woche arbeiten. Es wurde über die Anonymität und den vertraulichen Umgang mit den Daten aufgeklärt.

Im ersten Teil der Befragung wurde das Verkehrsverhalten in Sommer- und Wintermonaten erfragt. Es wurde nach der Nutzungshäufigkeit verschiedener Verkehrsmittel pro Woche gefragt (nic, seltener als 1 Mal pro Woche, 1 Mal pro Woche, 2-3 Mal pro Woche oder 4-5 Mal pro Woche). Anschließend konnten Angaben zur zeitlichen und räumlichen Distanz der Arbeitswege gemacht werden. Angaben zu Dienstwegen wurden ebenfalls erfragt. Diese sind allerdings nicht in die Auswertung eingeflossen.

Im zweiten Teil wurden die Teilnehmer nach gesundheitlichen Aspekten gefragt. Dabei sollten sie Angaben zu ihrer wöchentlichen Sporthäufigkeit und – dauer machen sowie ihre Krankheitstage, Arztbesuche und mögliche Verkehrsunfälle angeben. Vier Fragen bezogen sich auf die Anzahl der Krankheitstage im Jahr 2014. In Kategorie I wurden die Teilnehmer nach den Tagen gefragt, an denen sie mit einer Arbeitsunfähigkeitsbescheinigung vom Arzt krankgeschrieben worden waren. Kategorie II erfasste die Tage, an denen man ohne den sogenannten „gelben Schein" aus Krankheitsgründen nicht zur Arbeit erschienen ist. Kategorie III bezog sich auf die Tage, an denen man sich aus gesundheitlichen Gründen hätte krankschreiben lassen sollen, aber dennoch zur Arbeit erschienen ist (*Präsentismus*). Kategorie IV beschreibt die Tage, die man in seiner Freizeit krank war und die daher nicht als Erholungsphasen genutzt werden konnten.

Das Wohlbefinden wurde mithilfe eines Fragenkatalogs der WHO erfragt (PRIMACK 2003). Dazu wurden den Teilnehmern verschiedene Sätze bezüglich ihres Wohlbefindens in den letzten zwei Wochen vorgelegt. Sie konnten anschließend angeben, ob sie innerhalb der letzten zwei Wochen „zu keinem Zeitpunkt", „ab und zu", „ etwas weniger als die Hälfte der Zeit", „etwas mehr als die Hälfte der Zeit", „meistens" oder „die ganze Zeit" beispielsweise „froh und guter Laune" waren.

Um weitere direkt aus der Arbeit abzuleitende gesundheitliche Einflüsse zu identifizieren, wurde nach der Sitzhäufigkeit, gesundheitlicher Bewegung am Arbeitsplatz und gesundheitsschädigender Bewegung (wie beispielswiese das Heben und Tragen schwerer Lasten) gefragt. Es wurden Likert-Skalen von „1

– trifft überhaupt nicht zu" bis „7- trifft voll und ganz zu" eingesetzt. Zur Berechnung des BMI wurden Körpergröße und –gewicht erfasst.

Der dritte Teil des Fragebogens umfasste demographische Angaben, wie das Alter, Geschlecht, den Familienstand und die Kinderzahl der Teilnehmer. Zur Erfassung der beruflichen Situation sollten die Tätigkeitsdauer im jeweiligen Unternehmen, eine Berufsbezeichnung, die wöchentliche Arbeitszeit und das Ausüben einer Führungsposition angegeben werden.

Der Fragebogen schloss mit der Bitte um Weiterleitung der Befragung und der Möglichkeit, an einem Gewinnspiel teilzunehmen.

Es wurde ein Pretest mit 15 Personen durchgeführt. Anschließend wurden die Antwortkategorien in einigen Fällen angepasst. Auch das Anschreiben, welches die Vorauswahl der Probanden und die Erklärung und den Zweck der Befragung erläuterte, wurde mehrfach angepasst.

In Tabelle 1 lassen sich die abgefragten Merkmale, die Merkmalsausprägungen und die Messniveaus des Fragebogens nachvollziehen.

Tabelle 1: Merkmale, Merkmalsausprägungen und Messniveaus des Fragebogens

Fragen zum Verkehrsverhalten		
Merkmal	Merkmalsausprägung	Messniveau
Verkehrsmittel Sommer	▪ Auto ▪ Fahrrad ▪ E-Fahrrad/Pedelec ▪ Roller/Motorrad ▪ Zu Fuß & ÖPNV ▪ Bike & Ride ▪ Park & Ride ▪ Zu Fuß ▪ Anderes Verkehrsmittel	nominal
Verkehrsmittel Winter	Siehe vorherige Ausprägungen	nominal
Anderes Verkehrsmittel	Offene Frage	nominal
Selbstdefinierter Verkehrsmittelnutzertyp	▪ Ich bin Fahrradfahrer/in ▪ Ich bin Autofahrer/in ▪ Ich bin ÖPNV-Nutzer/in ▪ Ich bin Fußgänger/in ▪ Ich bin Motorradfahrer/in ▪ Ich nutze den Mobilitätsmix ▪ Ich bin ...	nominal
Fahrzeit je Verkehrsmittel	Offene Frage	metrisch
Fahrstrecke je Verkehrsmittel	Offene Frage	metrisch
Dienstreisekilometer pro Jahr je Verkehrsmittel	Offene Frage	metrisch
Fragen zu gesundheitlichen Aspekten		
Merkmal	Merkmalsausprägung	Messniveau
Sportstunden pro Woche	▪ Keinen Sport ▪ 1 Stunde ▪ 2-3 Stunden ▪ 4-5 Stunden ▪ > 5 Stunden	ordinal

Sportanzahl pro Woche	▪ Gar nicht ▪ 1 Mal ▪ 2 -3 Mal ▪ 4-5 Mal ▪ > 5 Mal	ordinal
Krankheitstage mit Krankschreibung (Krankheitstage I)	Offene Frage	metrisch
Krankheitstage ohne Krankschreibung (Krankheitstage II)	Offene Frage	metrisch
Krank bei der Arbeit (Krankheitstage III)	Offene Frage	metrisch
Krank in Freizeit (Krankheitstage IV)	Offene Frage	metrisch
Krankheitstage durch Verkehrsunfall	Offene Frage	metrisch
Verkehrsmittel bei Unfall	▪ Auto ▪ Fahrrad ▪ E-Fahrrad/Pedelec ▪ Motorrad/Roller ▪ ÖPNV/Bahn ▪ Zu Fuß ▪ Anderes Verkehrsmittel	nominal
Anzahl der Arztbesuche	Offene Frage	metrisch
Froh und guter Laune in den letzten 2 Wochen	▪ Zu keinem Zeitpunkt ▪ Ab und zu ▪ Etwas weniger als die Hälfte der Zeit ▪ Etwas mehr als die Hälfte der Zeit ▪ Meistens ▪ Die ganze Zeit	ordinal
Ruhig und entspannt in den letzten 2 Wochen	Siehe vorherige Ausprägungen	ordinal
Energisch und aktiv in den letzten 2 Wochen	Siehe vorherige Ausprägungen	ordinal

Frisch und ausgeruht in den letzten 2 Wochen	Siehe vorherige Ausprägungen	ordinal
Alltag voller interessanter Dinge in den letzten 2 Wochen	Siehe vorherige Ausprägungen	ordinal
Sitzende Tätigkeit	1 trifft überhaupt nicht zu – 7 trifft voll und ganz zu	ordinal
Gesundheitsförderliche Bewegung bei der Arbeit	1 trifft überhaupt nicht zu – 7 trifft voll und ganz zu	ordinal
Gesundheitsschädliche Bewegung bei der Arbeit	1 trifft überhaupt nicht zu – 7 trifft voll und ganz zu	ordinal
Gewicht (kg)	Offene Frage	metrisch
Größe (cm)	Offene Frage	metrisch
Demographische Merkmale		
Merkmal	**Merkmalsausprägung**	**Messniveau**
Alter	Offene Frage	Metrisch
Geschlecht	Männlich Weiblich	nominal
Familienstand	▪ Ledig ▪ Verheiratet ▪ Getrennt lebend (in Scheidung) oder geschieden ▪ Verwitwet ▪ Lebenspartnerschaft ▪ Anderes	nominal
Kinder unter 18	Offene Frage	Metrisch
Tätigkeitsjahre für Organisation/ Unternehmen	Offene Frage	Metrisch
Berufsbezeichnung	Offene Frage	Nominal
Führungskraft	Ja Nein	Nominal
Arbeitszeit pro Woche	Offene Frage	Metrisch

3.2.2   Reduktion der Stichprobe

Die Untersuchung sollte innerhalb einer relativ gesunden, in einem Arbeitsverhältnis stehenden Bevölkerung durchgeführt werden. Arbeitgeber sind bei
Erkrankungen bis zu einer Dauer von sechs Wochen zu einer Lohnfortzahlung
verpflichtet. Anschließend muss die Krankenkasse eine Weiterzahlung des sogenannten Krankengeldes übernehmen (BUNDESMINISTERIUMS DER JUSTIZ
UND FÜR VERBRAUCHERSCHUTZ 1994). Aufgrund dieses Umstands wurden
diejenigen Befragten, die mehr als 30 Tage mit oder ohne Arbeitsunfähigkeitsbescheinigung krank gemeldet waren (Krankheitstage I und II), von der Untersuchung ausgeschlossen. Es fand eine Reduktion der Stichprobe von 2.351
Teilnehmern um 157 auf 2.194 Teilnehmer statt. Die reduzierte Stichprobe
wird in allen Darstellungen und Analysen genutzt.

3.2.3   Kategorisierung der Verkehrsmittelnutzertypen

Auf der Grundlage der Verkehrsmittelnutzung, welche in Frage 1.1 und 1.2
jeweils für das Sommer- und das Winterhalbjahr abgefragt wurde, wurden unterschiedliche Verkehrsmittelnutzertypen erstellt. Aus 471 unterschiedlichen
Verkehrsmittelnutzertypen alleine im Sommer wurden 15 Typen zusammengefasst. Dabei wurden sowohl ausschließliche Verkehrsmittelnutzer (Fahrradfahrer, Autofahrer etc.) als auch Mischformen (*Mix mit viel MIV, Mix mit wenig MIV* etc.) konzipiert.

In Tabelle 2 wird ersichtlich, welchem Typ ein Nutzer je nach seinen Angaben
zugeordnet wurde. 1 bedeutet, dass das Verkehrsmittel niemals genutzt wurde,
2 steht für eine Nutzung weniger als ein Mal pro Woche, 3 bedeutet ein Mal
pro Woche, 4 zwei bis drei Mal und 5 vier bis fünf Mal.

Autofahrer, Fahrradfahrer, Pedelecfahrer, Motorradfahrer, *Bike & Ride*-Nut-
zer, ÖPNV-Fuß-Nutzer, *Park & Ride*-Nutzer, Fußgänger und Anderes-Ver-
kehrsmittel-Nutzer sind ausschließliche Nutzer. Ausschließliche Nutzer sind
Personen, die angegeben haben, das jeweilige Verkehrsmittel 4-5 Mal pro Woche und kein anderes Verkehrsmittel zusätzlich zu nutzen. In der Gruppe
„MIV selten anders" befinden sich Motorrad- und Autofahrer, die den MIV
stark nutzen, andere Verkehrsmittel allerdings ebenfalls bis zu 1 Mal pro Woche einsetzen. Ebenso wurden auch Fahrrad- und Pedelecfahrer, die selten ein
anderes Verkehrsmittel nutzen in der Gruppe „Fahrrad/Pedelec selten anders"
zusammengefasst. Unter „ÖPNV-Nutzer selten anders" wurden die Nutzer erfasst, die eine der 3 Nutzergruppen des ÖPNV *(Bike &*

Tabelle 2: Erstellung der Verkehrsmittelnutzertypen

Nutzertyp	Nutzungshäufigkeit der Verkehrsmittel								
	Auto	Fahrrad	Pedelec	Motorrad	ÖPNV & Fuß	Bike & Ride	Park & Ride	Zu Fuß	Anderes Verkehrsmittel
Autofahrer	5	1	1	1	1	1	1	1	1
Fahrradfahrer	1	5	1	1	1	1	1	1	1
Pedelecfahrer	1	1	5	1	1	1	1	1	1
Motorradfahrer	1	1	1	5	1	1	1	1	1
ÖPNV & Fuß-Nutzer	1	1	1	1	5	1	1	1	1
Bike & Ride-Nutzer	1	1	1	1	1	5	1	1	1
Park & Ride-Nutzer	1	1	1	1	1	1	5	1	1
Fußgänger	1	1	1	1	1	1	1	5	1
Anderes-VM-Nutzer	1	1	1	1	1	1	1	1	5
MIV selten anders	5	2/3	2/3	5	2/3	2/3	2/3	2/3	2/3
Fahrrad/Pedelec selten anders	2/3	5	5	2/3	2/3	2/3	2/3	2/3	2/3
Fußgänger selten anders	2/3	2/3	2/3	2/3	2/3	2/3	2/3	5	2/3
ÖPNV-Nutzer selten anders	2/3	2/3	2/3	2/3	5	5	5	2/3	2/3
Mix (viel MIV)	4/5	2/3/4	2/3/4	4/5	2/3/4	2/3/4	2/3/4	2/3/4	2/3/4
Mix (wenig MIV)	2/3	2/3/4	2/3/4	2/3	2/3/4	2/3/4	2/3/4	2/3/4	2/3/4

Ride-Nutzer, ÖPNV-Fuß-Nutzer, *Park & Ride*-Nutzer) angehörten und andere Verkehrsmittel bis zu ein Mal pro Woche nutzten. Aus den übrig gebliebenen Personen wurden die Gruppen „*Mix (viel MIV)*" und „*Mix (wenig MIV)*" erstellt. „*Mix (viel MIV)*" beinhaltet Personen, die den MIV stark nutzen und andere Verkehrsmittel ebenfalls einsetzen. „*Mix (wenig MIV)*" beinhaltet die restlichen Personen, welche mehrere unterschiedliche Verkehrsmittel pro Woche nutzen, aber keinen Schwerpunkt beim MIV setzen.

Anschließend wurden die einzelnen Untergruppen, die sich teilweise nur geringfügig unterschieden, in breiter definierten Gruppen zusammengefasst. Durch diese Zusammenfassung der Gruppen, in welcher die ausschließlichen Nutzer und die Nutzer, welche selten ein anderes Verkehrsmittel nutzen vereint wurden, blieben letztlich 6 Nutzergruppen übrig: Fahrradfahrer, Fußgänger, MIV-Nutzer, ÖPNV-Nutzer, *Mix (viel MIV)* und *Mix (wenig MIV)*.

Um einen ganzjährigen Nutzertyp zu generieren, wurde pro Teilnehmer die Wahl im Sommer mit der winterlichen Wahl verglichen. Personen, die in beiden Jahreszeiten das gleiche Verkehrsmittel auswählten, gehören einem der sechs bereits vorgestellten Typen an. Andere Personen wechselten zwischen den Jahreszeiten das Verkehrsmittel. Als Ein-Halbjahr-Fahrradfahrer werden die Personen bezeichnet, die in einem Halbjahr mit dem Fahrrad unterwegs waren und im anderen Halbjahr ein anderes Verkehrsmittel nutzten. Andere Personen wechselten zwischen verschiedenen anderen Verkehrsmittelnutzertypen. Dieser werden als Anderer Wechsler bezeichnet.

Die für die deskriptive und analytische Statistik verwendeten Gruppen sind die folgenden 8 Gruppen:

Fahrradfahrer, Fußgänger, MIV-Nutzer, ÖPNV-Nutzer, *Mix (viel MIV)* und *Mix (wenig MIV)*, Ein-Halbjahr-Fahrradfahrer und Andere Wechsler.

In Abbildung 4 lässt sich die Einteilung der ganzjährigen Nutzertypen nachvollziehen.

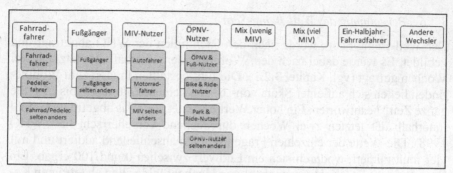

Abbildung 4: Ganzjährige Verkehrsmittelnutzertypen

3.2.4 Berechnung der Krankheitstage

Die Krankheitstage der Kategorie I + II werden in der Auswertung gemeinsam betrachtet, da es sich um die Tage handelt, die ein Arbeitnehmer tatsächlich ausfällt. Zusätzlich werden die Krankheitstage III und IV (Freizeitkrankheitstage und *Präsentismus*) gemeinsam betrachtet, da es sich hierbei um alle weiteren Krankheitstage handelt.

Aufgrund der unterschiedlichen Zeitpunkte, zu denen die Befragten Angaben zu Ihren Krankheitstagen im Jahr 2014 gemacht haben, wurde anhand einer Trendanalyse der Daten ein Faktor berechnet, mit dem auf die Gesamtzahl der Krankheitstage hochgerechnet wurde. Zur Berechnung des Faktors wurde gezählt, wie viele Tage die Teilnehmer der Studie durchschnittlich pro Arbeitstag krank waren, und anschließend anhand des Teilnahmedatums auf die restlichen im Jahr 2014 verbleibenden Tage hochgerechnet. Die Berechnung fand nach Verkehrsmittelnutzergruppen getrennt statt. Im Anhang sind die Streudiagramme der Krankheitstage vor und nach der Hochrechnung dargestellt.

3.2.5 Berechnung des Body-Mass-Index

Der BMI wurde auf Grundlage folgender international gültigen Formel gebildet:

$$BMI = \frac{Gewicht\ in\ kg}{(Größe\ in\ m)^2}$$

Nach den Empfehlungen der WHO wurden die Werte anschließend in folgende Klassen eingeteilt: Untergewicht (BMI: > 18,49), Normalgewicht (BMI: 18,50 - 24,99), leichtes Übergewicht (BMI: 24,99 - 29,99) und 3 Stufen der Adipositas (I: 30,0 – 34.49; II: 35,00 – 39,99; II: >40,00) (WHO 2000).

3.2.6   Berechnung des Well-Being-Score

Der Well-Being-Score wurde nach den Richtlinien der WHO abgefragt und gebildet. Es wurde dabei nach dem Wohlbefinden innerhalb der letzten zwei Wochen gefragt (vgl. Kapitel 3.2.1). Die fünf gestellten Fragen zum Wohlbefinden ließen sich auf einer Skala von „0 – zu keinem Zeitpunkt" bis „5 – die ganze Zeit" beantworten. Ein hoher Wert bedeutet, dass das abgefragte Gefühl innerhalb der letzten zwei Wochen durchgehend vorgeherrscht hat (WHO 1998). Die Werte der einzelnen Fragen wurden anschließend addiert und mit vier multipliziert, wodurch sich ein Endwert zwischen 0 und 100 ergab. Ein Wert von 100 entspricht einem absoluten Hochgefühl in allen abgefragten Kategorien.

Zudem wurde eine weitere Variable erstellt, die die Werte des Well-Being-Scores klassifiziert. Werte von 0-20 Punkten wurden der Klasse „sehr geringes Wohlbefinden", Werte von 21-40 der Klasse „geringes Wohlbefinden", Werte von 41-60 der Klasse „mittleres Wohlbefinden", Werte von 61-80 einem „hohen Wohlbefinden" und Werte von 81-100 dem „sehr hohen Wohlbefinden" zugeordnet. In der Auswertung finden sowohl der Well-Being-Score als auch die klassierten Werte Verwendung. Die Klassifikation wird für die Berechnung des Relativen Risikos verwendet.

3.2.7   Weitere neugebildete Variablen

Im Rahmen der Auswertung wurden, z.B. für die Klassifizierung, weitere Variablen gebildet.

Aus den Altersangaben wurden 4 Altersklassen (AK) gebildet (AK 1: < 29-Jährige, AK 2: 30-39-Jährige, AK 3: 40-49-Jährige, AK 4: > 50-Jährige). Die Variablen mit den Angaben zu Fahrtdauer und Fahrzeit wurden ebenfalls klassiert. Aus den spezifischen Berufsbezeichnungen wurden Berufsgruppen gebildet.

Für die Regressionsanalyse wurden aus der Variablen „Sitzende Tätigkeit" Klassen gebildet (1 – (fast) nie sitzend, 2 – etwa die Hälfte der Zeit sitzend, 3 – (fast) immer sitzend).

Für die Berechnung des Relativen Risikos wurden die Variablen der Verkehrsmittelnutzer sowie die der Krankheitstage, des BMI und des Well-Being dichotomisiert. Durch die Dichotomisierung können stetige Variablen oder Variablen mit mehreren Merkmalsausprägungen auf zwei Merkmalsausprägungen reduziert werden. Anschließend lässt sich eine Vierfeldertafel bilden (vgl. Kapitel 3.3.3).

3.3 Statistische Methodik

Die Auswertung der Daten erfolgte mit den Programmen Microsoft Excel und IBM SPSS Statistics 22.

Die erhobenen Daten wurden mithilfe von statistischen Programmen zunächst deskriptiv und anschließend analytisch ausgewertet. Mithilfe der deskriptiven Statistik sollen die Verteilungen und Lagemaße der Stichprobe dargestellt werden (HUG u. POSCHESCHNIK 2010: 163). Die Variablen werden dabei zum Teil einzeln mit einer univariaten Analyse und in Kombination, mit der bi- oder multivariaten Analyse betrachtet (BAHRENBERG 2010: 26). Mit bi- und multivariaten Analysen lässt sich darstellen, ob Zusammenhänge zwischen 2 oder mehr Variablen bestehen (BÜHL 2012: 281).

Die analytische Statistik beschäftigt sich damit, ob die angezeigten Zusammenhänge zufällig zustande gekommen sind oder ob es sich um eine „wissenschaftliche Gesetzmäßigkeit" – einem signifikanten Ergebnis – handelt (HUG u. POSCHESCHNIK 2010: 176).

Anschließend sollen die verwendeten Methoden der analytischen Statistik kurz dargestellt werden. Zum einen werden für die Hypothesentests klassische statistische Tests wie der Spearmansche Korrelationskoeffizient und der Mann-Whitney-U-Test verwendet, zum anderen eine Methode aus der epidemiologischen Forschung zur Bestimmung des Relativen Risikos. Außerdem wurde für die drei abhängigen Variablen Krankheitstage, BMI und Well-Being jeweils ein Regressionsmodell angepasst.

3.3.1 Hypothesentests

Mit statistischen Tests lassen sich Hypothesen auf der Basis der Stichproben testen. Dabei stellt man, um die Alternativhypothese annehmen zu können, zunächst die Nullhypothese auf. Die Nullhypothese besagt, dass die Verteilung zweier (oder mehrerer) Stichproben zufällig zustande gekommen ist, beide (oder alle) Stichproben aus der gleichen Grundgesamtheit stammen und deren Mittelwerte (μ) sich nicht unterscheiden (BAHRENBERG 2010: 159).

Die Null- und die Alternativhypothese lassen sich wie folgt darstellen:

$H_0: \mu_1 = \mu_2$

$H_A: \mu_1 \neq \mu_2$

(Bahrenberg 2010: 160)

Da es sich bei den Variablen der Krankheitstage und des Well-Being-Indexes zwar um metrische, nicht aber um normalverteilte Daten handelt, lassen sich nur nicht-parametrische Test durchführen (BAHRENBERG 2010: 202). Um eine Beständigkeit der Methoden zu erreichen, wurden auch für die annähernd normalverteilte Variable BMI nicht-parametrische Tests durchgeführt.

Das Signifikanzniveau wird bei $\alpha = 0,05$ festgelegt. Mit einem hohen Signifikanzniveau wird die Wahrscheinlichkeit eines Fehlers 2. Art gering gehalten. Bei einem Fehler 2. Art würde man einen in der Grundgesamtheit existierenden Zusammenhang übersehen (DIEKMANN 2008: 713). Liegt die Irrtumswahrscheinlichkeit[13] p bei einem Test unter dem Signifikanzniveau, liegt ein signifikantes Ergebnis vor und wird hier mit einem Sternchen (*) gekennzeichnet. Liegt die Irrtumswahrscheinlichkeit unter 0,001, liegt ein höchstsignifikantes Ergebnis vor und wird hier mit zwei Sternchen (**) gekennzeichnet.

H-Test nach Kruskal und Wallis und Mann-Whitney-U-Test

Der H-Test nach Kruskal und Wallis ist ein nicht-parametrischer Test zum Vergleich der Mittelwerte mehrerer Stichproben. Er prüft die Nullhypothese, dass mehrere Stichproben derselben Grundgesamtheit entstammen (SACHS u. HEDDERICH 2006: 442). Zur Identifikation, welche dieser Stichproben sich voneinander unterscheiden, kann der Mann-Whitney-U-Test[14] durchgeführt werden. Beide Tests basieren auf dem Vergleich der Ränge der Variablenwerte (BAHRENBERG 2010: 177).

Der Mann-Whitney-U-Test ist ein mit dem T-Test vergleichbarer Vorzeichen-Rang-Test und eignet sich zum nicht-parametrischen Vergleich zweier unabhängiger Stichproben (SACHS u. HEDDERICH 2006: 400). Dabei muss im Fall der Verkehrsmittelnutzergruppen jede Gruppe mit jeder anderen verglichen

---

[13] Die Irrtumswahrscheinlichkeit, wird auch als Signifikanzwert bezeichnet (BAHRENBERG 2010: 162).

[14] Auch bekannt als Wilcoxon-Paardifferenzentest (SACHS u. HEDDERICH 2006: 400).

werden. Dabei vergleicht er nicht die Mittelwerte der unterschiedlichen Stichproben, sondern die „zentrale Tendenz" (BAHRENBERG 2010: 131). Der im Ergebnisteil angegeben p-Wert zeigt, ob die Unterschiede zwischen den Stichproben signifikant sind oder nicht. Bei einer Unterschreitung des Signifikanzniveaus kann die Nullhypothese abgelehnt werden (BAHRENBERG 2010: 132).

Der Korrelationskoeffizient nach Spearman

Zur Berechnung des Korrelationskoeffizienten bietet sich die Berechnung des Rangkorrelationskoeffizienten nach Spearman an (BÜHL 2012: 420). Es handelt sich dabei um einen dem Pearsonschen Produkt-Moment-Korrelationskoeffizienten vergleichbaren Test (SACHS u. HEDDERICH 2006: 89).

Der Rang-Korrelationskoeffizient nach Spearman wird bei metrischen, nicht normalverteilten oder ordinalskalierten Daten berechnet (BAHRENBERG 2010: 237). Der Koeffizient wird nach folgender Formel geschätzt:

$$r_s = 1 - \frac{6 \times \sum_{i=1}^{n} d_i^2}{n(n^2 - 1)}$$

$$n = Stichproben\,umfang, d_i = |x_i^* - y_i^*|$$

(BAHRENBERG 2010: 237)

Der Korrelationskoeffizient steht für die Stärke des Zusammenhangs, sein Vorzeichen erklärt die Richtung des Zusammenhangs (ZIMMERMANN-JANSCHITZ 2014: 270). BÜHL (2012) schlägt folgende Abstufungen in der Bewertung des Korrelationskoeffizienten vor:

Tabelle 3: Interpretation der Korrelationskoeffizienten (BÜHL 2012: 420)

Wert	Interpretation
bis 0,2	Sehr geringe Korrelation
bis 0,5	Geringe Korrelation
bis 0,7	Mittlere Korrelation
bis 0,9	Hohe Korrelation
über 0,9	Sehr hohe Korrelation

Die Schwäche der Korrelationen sollte nicht als Minderung des Ergebnisses gewertet werden, da in diesem Fall von vorneherein klar ist, dass auch andere (auch nicht gemessene) Faktoren einen Einfluss auf die Variablen Krankheitstage, Well-Being und BMI haben (BROSIUS 1998: 508). Besonders von Interesse ist, ob der Zusammenhang auch in der Grundgesamtheit vorliegt. Daher wird ebenfalls ein Test auf Signifikanz durchgeführt (BROSIUS 1998: 511).

3.3.2 Regressionsmodell

Eine Regression beschäftigt sich mit der Kausalität des Zusammenhangs zweier oder mehrerer Variablen. Sie beschreibt wie die Regressoren (die unabhängigen Variablen) sich auf den Regressanden (die abhängige Variable) auswirken (QUATEMBER 2008: 170).

Für die abhängigen Variablen Krankheitstage, Well-Being und BMI wurden jeweils Regressionsmodelle angepasst. Andere Variablen, die einen signifikanten ($p < 0{,}1$) Einfluss auf die abhängigen Variablen hatten, wurden als unabhängige Variablen in die Modelle aufgenommen (HENDRIKSEN et al. 2010).

Wenn eine oder mehrere Voraussetzungen der linearen Regression verletzt sind, kann man das klassische lineare Modell durch ein generalisiertes lineares Modell ersetzen (in SPSS über Analysieren – Verallgemeinerte lineare Modelle). Bei einem linearen Modell erlauben R^2 bzw. das korrigierte R^2 eine Aussage über die Güte des Modells. Diese Aussage wird bei der hier verwendeten Regressionsmethode vom Omnibus-Test[15] übernommen. Zeigt dieser eine Signifikanz, ist das Modell geeignet (BALTES-GÖTZ 2015).

Die Regression wird hier nicht durchgeführt, um eine möglichst genaue Erklärung für das Zustandekommen der unabhängigen Variablen zu finden. Krankheitstage, Well-Being und BMI werden durch viele, hier zum Teil nicht erfasste, Faktoren bestimmt. Die Regression wird durchgeführt, um eine Angabe zu den Regressionskoeffizienten und der Streuung um diese machen zu können (BROSIUS 1998: 538). Daher werden neben den Regressionskoeffizienten der Regressoren auch Konfidenzintervalle angegeben. Innerhalb dieser befindet sich der wahre Wert der Grundgesamtheit mit einer Wahrscheinlichkeit von 95 bzw. 99 Prozent. Die Darstellung der Ergebnisse der Regression orien-

---

[15]   SPSS berechnet mit dem Omnibus-Test einen Likelihood-Quotiententest zur „globalen Nullhypothese" des Modells (BALTES-GÖTZ 2015: 17).

tiert sich an einer Veröffentlichung von FLINT et al., die sich mit dem Zusammenhang zwischen BMI und Verkehrsmittelwahl beschäftigten (FLINT et al. 2014).

3.3.3 Relatives Risiko

In der Epidemiologie ist die Berechnung des Relativen Risikos eine gängige Methode zur Identifikation von Erkrankungsursachen. Auf Basis einer Vierfeldertafel kann dabei das Risiko, an einer bestimmten Erkrankung zu leiden, berechnet werden (SACHS u. HEDDERICH 2006: 477 ff.). Die Population unter Risiko ist in der vorliegenden Studie die Gruppe aller berufstätigen Verkehrsteilnehmer (KREIENBROCK u. SCHACH 2005: 13).

Das Vorliegen eines Risikofaktors bezeichnet man als Exposition. Das Vorliegen einer Krankheit (bzw. keiner Krankheit) wird mit

$$K = 1 \; bzw. \, K = 0$$

und das Vorliegen einer Exposition (bzw. keiner Exposition) mit

$$E = 1 \; bzw. \, E = 0$$

definiert. Das Risiko, unter Exposition krank zu sein, bezeichnet man wie folgt:

$$P_{11} = P(K = 1 | E = 1)$$

Das Risiko, ohne Exposition krank zu sein, definiert sich analog:

$$P_{10} = P(K = 1 | E = 0)$$

Zur Analyse der Unterschiede lässt sich zum einen der Quotient, zum anderen die Differenz der beiden errechneten Risiken betrachten.

Das Relative Risiko bezeichnet „das Verhältnis des Risikos bei den Exponierten zum Risiko bei den Nicht-Exponierten" (KREIENBROCK u. SCHACH 2005: 47).

$$RR = \frac{P(K = 1 | E = 1)}{P(K = 1 | E = 0)} = \frac{P_{11}}{P_{10}}$$

(Kreienbrock u. Schach 2005: 48)

Das RR kann Werte zwischen 0 und unendlich annehmen, wobei ein Wert von 1 bedeutet, dass die beiden Risiken identisch sind. Ein RR > 1 bedeutet ein x-fach erhöhtes Risiko, während ein RR < 1 bedeutet, dass die Exposition einen schützenden Einfluss ausübt (KREIENBROCK u. SCHACH 2005: 49).

Schließen die 95%-Konfidenzintervalle des RRs den Wert 1 aus, ist ein statistisch signifikantes Risiko oder Chancen-Verhältnis nachgewiesen (SACHS u. HEDDERICH 2006: 492). Wichtig zu beachten ist zudem, dass ein exponiertes Individuum (beispielsweise ein Nutzer des MIV) zwar ein erhöhtes Erkrankungsrisiko (beispielsweise eine erhöhte Anzahl an Krankheitstagen) aufweisen kann, eine Erkrankung damit aber keineswegs eintreten muss (KREIENBROCK et al. 2012: 48).

4 Ergebnisse

4.1 Deskriptive Auswertung

In diesem Kapitel werden die Daten sowohl mit univariaten als auch mit biva-
riaten Methoden ausgewertet und graphisch dargestellt. Der Fokus liegt dabei
auf der Darstellung der Variablen der Krankheitstage, des BMI und des Well-
Being in unterschiedlichen Untergruppen. Es gilt zu beachten, dass in der
Stichprobe deutlich mehr Männer als Frauen vorhanden sind und dass Männer
einen niedrigeren Mittelwert bei den Krankheitstagen zu verzeichnen haben.
Ein Großteil der Darstellungen und Analysen erfolgt daher ergänzend zur allgemeinen Auswertung nach Geschlecht aufgeteilt.

4.1.1 Demographische Daten

Wie bereits in Kapitel 3.2 beschrieben, wurde die Stichprobe anhand der Höhe
der Krankheitstage von Ausreißern bereinigt. Die Anzahl der hier dargestellten Personen beträgt 2.194, wobei sich diese aus einem Anteil von 40 Prozent
Frauen (absolut: 833) und 60 Prozent Männern (absolut: 1.325) zusammenset-
zen. 92,4 Prozent der Teilnehmer sind Akademiker oder Angehörige hochqua-
lifizierter Ausbildungsberufe (absolut: 2028). 1,8 Prozent (absolut: 39) der Befragten sind geringqualifiziert Beschäftige und 1,5 Prozent (absolut: 33)
befinden sich nicht in Ausbildung oder Studium. 4,2 Prozent haben keine oder
eine nicht-klassifizierbare Angabe zu ihrem Beruf gegeben.

Altersklassen

Zur Altersklasse der < 29-Jährigen gehören 366 Personen, davon 191 Männer
und 175 Frauen, in der Altersklasse der 30-39-Jährigen befinden sich insgesamt 569 Personen, wobei diese Gruppe sich aus 223 Frauen und 346 Männern
zusammensetzt. Ähnlich verhält es sich in der dritten Altersklasse, der Gruppe
der 40-49-jährigen mit 634 Teilnehmern, in der 226 Frauen und 408 Männer
sind. Die Gruppe der > 50-Jährigen besteht aus insgesamt 582 Personen, jeweils 205 Frauen und 377 Männer. Außer in der Gruppe der < 29-Jährigen
liegt also ein deutlicher Männerüberschuss vor. Abbildung 5 zeigt die prozentualen Anteile der Personen innerhalb der jeweiligen Geschlechtergruppe.

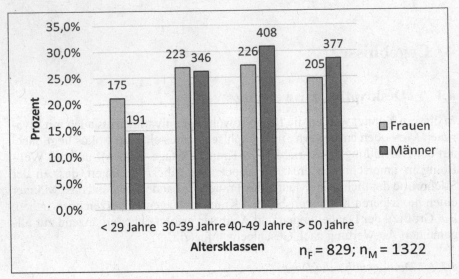

Abbildung 5:   Altersklassen der Teilnehmer (in Prozent und in absoluten Zahlen)

Kinderzahl

63 Prozent der Befragten haben keine Kinder (70,1 Prozent der Frauen, 59,3 Prozent der Männer). 17,8 Prozent haben ein Kind, 14,2 Prozent zwei Kinder. Nur 4,55 Prozent der Befragten haben drei Kinder oder mehr.

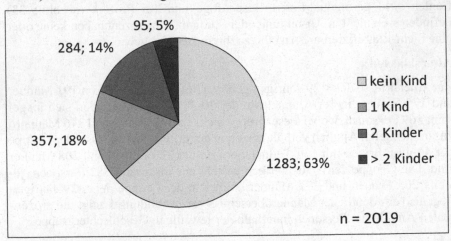

Abbildung 6:   Kinderzahl der Teilnehmer

Familienstand

Ein knappes Drittel der Teilnehmer ist ledig (30,0 Prozent), fast die Hälfte der Teilnehmer ist verheiratet (49,0 Prozent) und in einer Lebenspartnerschaft leben knapp 15,0 Prozent. Die restlichen Personen geben an getrennt lebend/geschieden (5,0 Prozent) oder verwitwet (1,0 Prozent) zu sein.

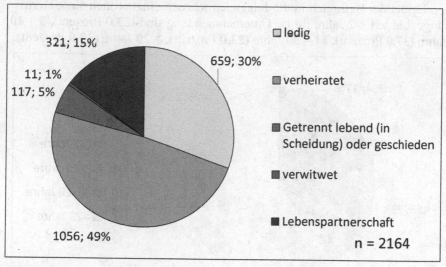

Abbildung 7: Familienstand der Teilnehmer

Dauer des aktuellen Arbeitsverhältnisses

Die Teilnehmer wurden nach der Dauer ihres aktuellen Arbeitsverhältnisses gefragt. Die Klassen wurden dabei so gebildet, dass sie neue (< 2 Jahre), längerfristige (3 – 10 Jahre), stabile (11 – 20 Jahre) und sehr stabile (> 20 Jahre) Arbeitsverhältnisse darstellen. Es zeigt sich, dass jeweils etwa ein Fünftel bzw. ein Drittel der Befragten in die folgenden Klassen einzuordnen sind: Berufstätige, die seit < 2 Jahre für ihr Unternehmen tätig sind (23,0 Prozent), 3 – 10 Jahre (37,0 Prozent), 11 – 20 Jahre (23,0 Prozent), > 20 Jahre (17,0 Prozent).

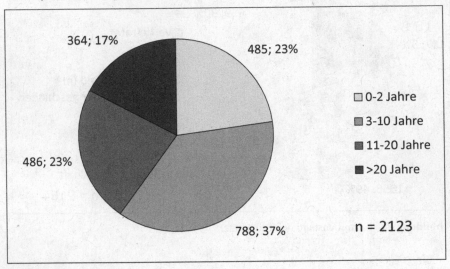

Abbildung 8:   Tätigkeitsjahre innerhalb der Organisation/des Unternehmens

Führungsposition

Ein Drittel der Teilnehmer gab an, als Führungskraft für ihr Unternehmen oder ihre Organisation tätig zu sein (30,4 Prozent). Drei Viertel dieser Führungskräfte sind männlich, nur ein Viertel ist weiblich (74,3; 25,7 Prozent). Prozentual sind doppelt so viele Männer in Führungspositionen wie Frauen (37,4; 19,6 Prozent).

Bewegung am Arbeitsplatz

Die meisten der Befragten üben Tätigkeiten aus, bei denen sie überwiegend sitzen müssen. Knapp 42 Prozent geben an, dass eine sitzende Tätigkeit auf sie „voll und ganz" zutrifft. Weitere 43 Prozent geben auf der Likert-Skala einen Wert von 5 oder 6 an, was einer überwiegend sitzenden Tätigkeit entspricht. Nur etwa 15 Prozent der Befragten sitzen überhaupt nicht oder relativ wenig bei der Ausübung ihres Berufs (Likert-Skala 1-4).

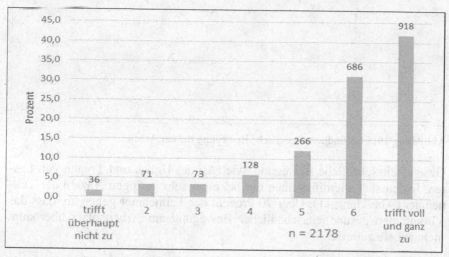

Abbildung 9:   Sitzende Tätigkeit (in Prozent und in absoluten Zahlen)

Dementsprechend gibt der überwiegende Teil der Befragten an, keine, sehr wenig, oder wenig gesundheitsförderliche Bewegung in seinen Arbeitsalltag integriert zu finden, wie sich in Abbildung 10 ablesen lässt.

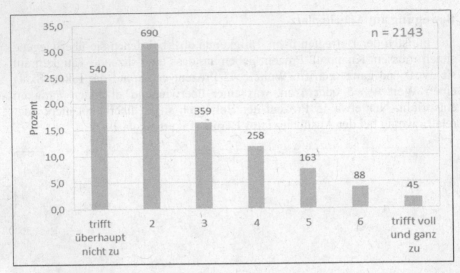

Abbildung 10:   Gesundheitsförderliche Bewegung bei der Arbeit

Gesundheitsschädliche Bewegung, wie z.B. das Heben und Tragen von Lasten, finden sich allerdings auch nur bei einer sehr geringen Anzahl der Teilnehmer (Abbildung 11). Über 70 Prozent der Teilnehmer geben an, dass das
Vorkommen gesundheitsschädlicher Bewegung am Arbeitsplatz überhaupt
nicht auf sie zutreffe.

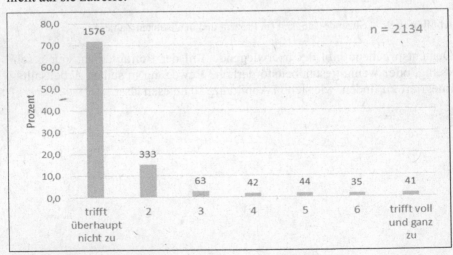

Abbildung 11:   Gesundheitsschädliche Bewegung bei der Arbeit

Modal Split der Teilnehmer

Der *Modal Split* zeigt die Verkehrsmittelwahl der Studienteilnehmer in Sommer und Winter (Abbildung 12 und 13). Im Sommer fahren 38 Prozent der Teilnehmer mit dem Fahrrad zur Arbeit, 2 Prozent sind Fußgänger, 23 Prozent sind MIV-Nutzer, 14 Prozent sind ÖPNV-Nutzer, weitere 14 Prozent nutzen den *Mix (wenig* MIV), 9 Prozent den *Mix (viel MIV)*.

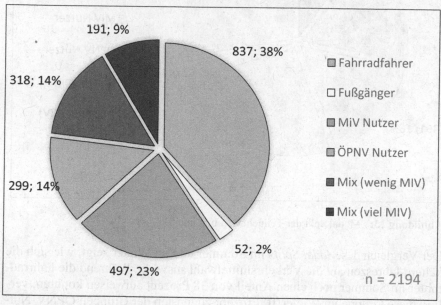

Abbildung 12: Modal Split der Teilnehmer im Sommer

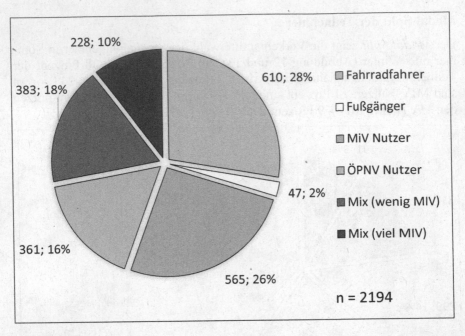

228; 10%

610; 28% ☐ Fahrradfahrer

383; 18%

☐ Fußgänger

☐ MiV Nutzer

☐ ÖPNV Nutzer

47; 2%

■ Mix (wenig MIV)

■ Mix (viel MIV)

361; 16%

565; 26%

n = 2194

Abbildung 13: Modal Split der Teilnehmer im Winter

Der Vergleich des *Modal Split*s im Sommer und im Winter zeigt, wie sich die kältere Jahreszeit auf die Verkehrsmittelwahl auswirkt. Während die Fahrradfahrer im Sommer noch einen Anteil von 38 Prozent aufweisen konnten, verliert diese Gruppe im Winter 10 Prozent zugunsten der Gruppen ÖPNV-Nutzer, MIV-Nutzer und der beiden Mix-Gruppen.

Beim ganzjährigen *Modal Split* (Abbildung 14) kommen die Nutzertypen Ein-Halbjahr-Fahrradfahrer und Andere Wechsler dazu, da hier die Sommer- und Winternutzung integriert betrachtet wird (siehe Kapitel 3.2). 27 Prozent der Teilnehmer sind Fahrradfahrer, 2 Prozent Fußgänger, 22 Prozent gehören zu den MIV-Nutzern und 12 Prozent zu den Nutzern des ÖPNV. Zur Gruppe des *Mix (wenig MIV)* gehören 13 Prozent, zum *Mix (viel MIV)* 9 Prozent und die Ein-Halbjahr-Fahrradfahrer machen 11 Prozent der Befragten aus. Lediglich 4 Prozent gehören zur sehr heterogenen Gruppe der Anderen Wechsler.

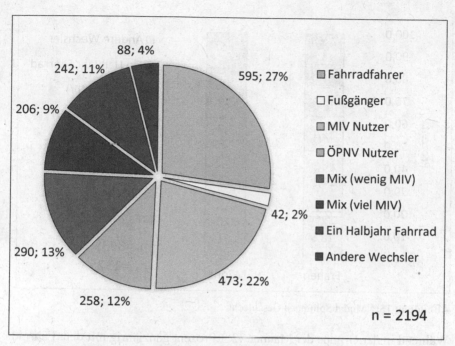

Abbildung 14: Ganzjähriger Modal Split der Teilnehmer

Bei der Betrachtung des *Modal Splits* nach Geschlecht wird deutlich, dass innerhalb dieser Stichprobe eine prozentual größere Anzahl von Frauen den MIV nutzt, als dies bei den Männern der Fall ist (Abbildung 15).

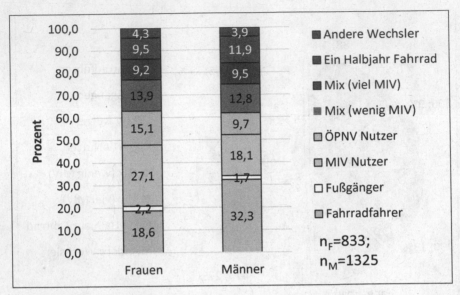

Abbildung 15:   Modal Split nach Geschlecht

Während in der Gruppe der Männer 32,3 Prozent ganzjährig mit dem Fahrrad unterwegs sind, sind dies in der Gruppe der Frauen nur 18,6 Prozent. Diese fahren dafür zumeist mit dem MIV (27,1 Prozent), während der Anteil der Männer nur 18,1 Prozent beträgt.

Selbstdefinierter Nutzertyp

Mit dem Satz „Ich bin Fahrradfahrer/in, Autofahrer/in..." konnten sich die Befragten selbst in Nutzerkategorien einordnen. Da dieser *Modal Split* etwas von den aus der differenzierten Befragung erstellten Ergebnissen abweicht, sind die Ergebnisse in Abbildung 16 dargestellt.

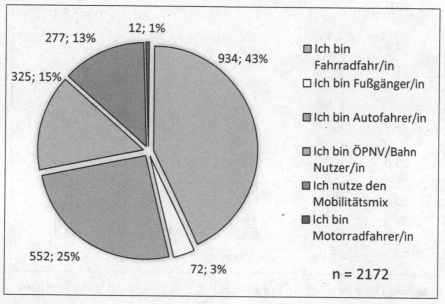

Abbildung 16: Selbstdefinierter Modal Split

Deutlich wird, dass sich mehr Personen den *aktiven Verkehrsmitteln* zuordnen, als dies aus der Analyse des genauen Nutzungsverhaltens hervorgeht. So bezeichnet sich ein großer Teil der Befragten als Fahrradfahrer/in, während er aufgrund seines Nutzungsverhaltens eher in die Gruppe der Mobilitätsmix-Nutzer eingeordnet werden müsste.

4.1.2 Länge und Dauer der Arbeitswege

Im Folgenden sind die Arbeitswegzeiten und -strecken der Fahrradfahrer, Fußgänger, MIV-Nutzer und ÖPNV-Nutzer dargestellt. Die anderen Nutzergruppen lassen sich aufgrund des heterogenen Verhaltens nicht darstellen.

Arbeitsweg mit dem Fahrrad

595 Personen hatten angegeben, den Arbeitsweg mit dem Fahrrad zurückzu-
legen[16]. Knapp 50 Prozent der Befragten fahren dabei Strecken von unter 5 km
(Abbildung 17). Ein Drittel fährt Strecken zwischen 5 und 10 km, etwa 11
Prozent bis zu 15 km und weitere 9 Prozent fahren sogar weitere Strecken.

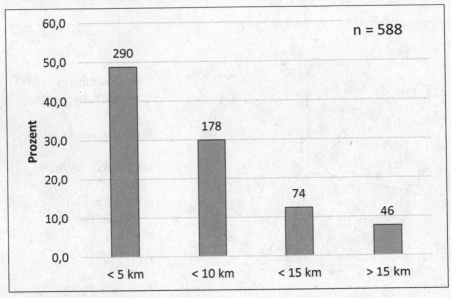

Abbildung 17:   Arbeitswegstrecke der Fahrradfahrer (in Prozent und in absoluten Zahlen)

Die Dauer der gefahrenen Strecken ist prozentual ähnlich verteilt wie die Streckenlänge (Abbildung 18). Jeweils etwa 40 Prozent der Fahrradfahrer fahren
weniger als 15 Minuten pro Strecke bzw. zwischen 15 und 30 Minuten. 11
Prozent der Befragten fahren zwischen 30 und 45 Minuten. Über 45 Minuten
pro Strecke sind nur 6 Prozent der Fahrradfahrer unterwegs.

---

[16]   Differenzen zu den n-Werten der Stichprobe im Diagrammen kommen durch fehlende
       Angaben in den betreffenden Teilen des Fragebogens zustande.

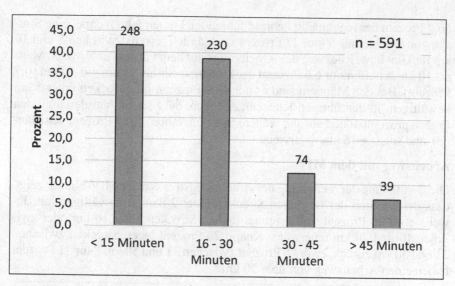

Abbildung 18: Arbeitswegzeit der Fahrradfahrer (in Prozent und in absoluten Zahlen)

Besonders augenfällig ist, dass Frauen prozentual kürzere Strecken fahren als Männer (Abbildung 19).

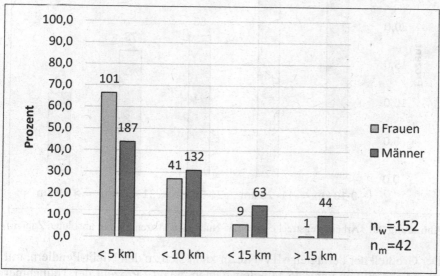

Abbildung 19: Arbeitswegstrecke (Fahrrad) nach Geschlecht

66,4 Prozent der regelmäßig Fahrrad fahrenden Frauen fahren dabei eine Strecke von weniger als 5 km. 27 Prozent sind täglich jeweils zwischen 5 und 10
km für Hin- bzw. Rückweg des Arbeitswegs auf dem Fahrrad unterwegs. Mehr
als 10 km schaffen nur 6.6 Prozent der Frauen, mehr als 15 km nur 1 Frau (0,7
Prozent). Bei den Männern sind es nur 43,9 Prozent, die Strecken unter 5 km
bewältigen. In den übrigen Klassen zeigt sich, dass sie im Vergleich zu den
Frauen prozentual und absolut weitere Strecken fahren. 10,3 Prozent der Männer sind sogar > 15 km unterwegs.

Arbeitsweg mit dem MIV

Die Darstellung der Verteilung der Arbeitswegstrecken der MIV-Nutzer zeigt,
dass der Großteil der Befragten Strecken unter 20km zu bewältigen hat. Jeweils etwa 26 Prozent sind zweimal täglich Strecken unter 10 km oder zwischen 10 und 20 km unterwegs. Knapp 20 Prozent legen Strecken zwischen
21 und 30 km zurück, etwa 16 Prozent zwischen 31 und 50 km. Nur 11 Prozent
haben einen Arbeitsweg von über 50 km.

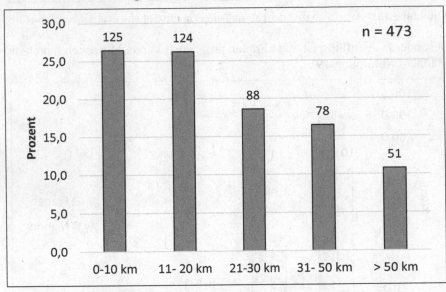

Abbildung 20:   Arbeitswegstrecke der MIV-Nutzer (in Prozent und in absoluten Zahlen)

Der Großteil der befragten MIV-Nutzer kann sich zu den Nicht-Pendlern, mit
einer Fahrzeit von unter 45 Minuten, zählen. Nur 13 Prozent der Teilnehmer
gehören nach COSTAL et al. zu den Fernpendlern oder Pendlern, während

SCHNEIDER et al. nur 7,2 Prozent dazu zählen würden (siehe Kapitel 2.1.3, Seite 10) (COSTAL et al. 1988; SCHNEIDER et al. 2002).

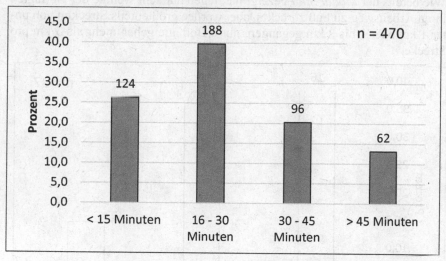

Abbildung 21: Arbeitswegzeit der Autofahrer (in Prozent und in absoluten Zahlen)

Arbeitsweg zu Fuß

Wie bereits der *Modal Split* gezeigt hat, legen nur sehr wenige der Befragten ihren Arbeitsweg zu Fuß zurück. Dabei werden größtenteils Strecken von unter 1 km oder 1 bis 2 km gegangen, nur 6 Befragte gehen mehr als 3 km pro Strecke.

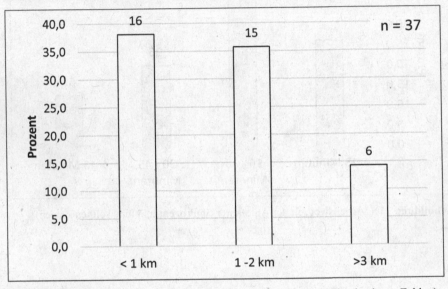

Abbildung 22: Arbeitswegstrecke der Fußgänger (in Prozent und in absoluten Zahlen)

Arbeitsweg mit dem ÖPNV

Die ÖPNV-Nutzer sind jeweils mit 41 Prozent unter 30 Minuten und zwischen 31 und 60 Minuten zwischen Wohn- und Arbeitsort unterwegs (Abbildung 23). Dabei schließt diese Zeit auch einen anteiligen Fuß- und Radweg ein. Etwa 16 Prozent der Befragten geben an, über eine Stunde mit dem ÖPNV unterwegs zu sein.

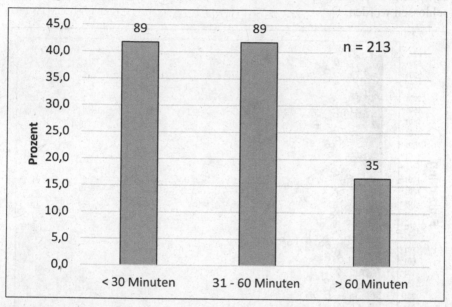

Abbildung 23: Arbeitswegzeit der ÖPNV-Nutzer (in Prozent und in absoluten Zahlen)

4.1.3 Krankheitstage

Krankheitstage der Kategorie I und II

Die Krankheitstage der Kategorien I und II werden gemeinsam betrachtet, da ein Arbeitnehmer an diesen Tagen im Unternehmen fehlt.

Die Teilnehmer der Studie waren durchschnittlich ohne Extraktion der Ausreißer 8,23 Tage (σ_x=18,03) krank nach Kategorie I und II. Der Median der Verteilung liegt bei 3,2, der Modalwert ist 0. Es handelt sich um eine stark rechtsschiefe Verteilung. In der Analyse zeigt sich, dass einige Teilnehmer sehr viele oder sogar alle Tage des Jahres krank gewesen sind. Ausreißer, Krankheitstagen der Kategorie I und II über 30 Tage pro Jahr (siehe Kapitel

3.2.2), wurden aus der Analyse ausgeschlossen. Diese Studie soll die Auswirkungen der Verkehrsmittelwahl auf relativ gesunde Personen aufzeigen, daher werden Personen mit häufigen oder chronischen Erkrankungen ausgeschlossen (vgl. HENDRIKSEN et al. 2010).

Abbildung 24 zeigt ein Streudiagramm der Krankheitstage I und II. Die rote Linie zeigt an, welche Fälle aus der weiteren Darstellung und Analyse ausgeschlossen wurden.

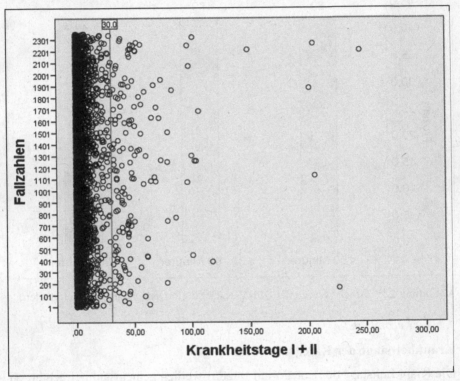

Abbildung 24:   Streudiagramm der Krankheitstage I + II, Trennung der Ausreißer

Nach Ausschluss der Ausreißer verändern sich die Lagemaße der Verteilung erheblich, da die 157 Ausreißer zum Teil sehr viele Krankheitstage zu verzeichnen und aufgrund dessen einen deutlichen Einfluss auf den Mittelwert und die Standardabweichung haben.

Der neue Mittelwert der Krankheitstage I und II beträgt 4,70 ($\sigma_x = 5,99$), der Median 2,30 und der Modalwert liegt weiterhin bei 0 Krankheitstagen. Das Minimum liegt bei 0, das Maximum beträgt 29 Tage.

Im Vergleich der Krankheitstage zwischen den Geschlechtern zeigt sich, dass Frauen (n=833, $\overline{x}$=5,92, σ_x=9,94) deutlich mehr Fehltage zu verzeichnen haben als Männer (n=1325, $\overline{x}$=3,96, σ_x= 5,43).

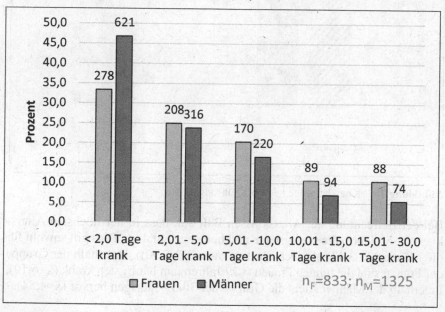

Abbildung 25: Krankheitstage in Klassen nach Geschlecht

Führungskräfte (n=675, $\overline{x}$=3,58, σ_x= 5,27) sind weniger krank als andere Teilnehmer (n=1487, $\overline{x}$=5,22, σ_x= 6,23). Frauen in Führungsposition ($\overline{x}$=5,64) unterscheiden sich von Frauen ohne Führungsposition ($\overline{x}$=6,00) nicht so extrem, wie dies bei Männern der Fall ist ($\overline{x}_{Fü}$=2,84; $\overline{x}$=4,64).

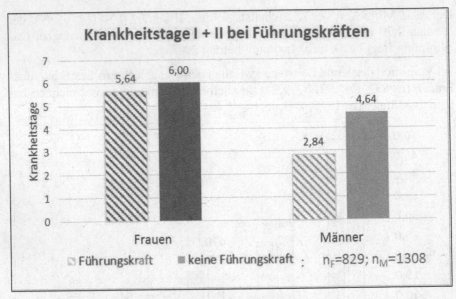

Abbildung 26:   Krankheitstage I + II bei Führungskräften

Bei der Betrachtung der Altersklassen fällt auf, dass in der höchsten Altersklasse (>50 Jahre) die wenigsten Krankheitstage anfallen. Dies gilt sowohl für
die Männer ($\bar{x}$=3,43) als auch für die Frauen ($\bar{x}$=5,90)). Innerhalb der Gruppe
der Frauen sind die jungen Frauen (<29 Jahren) am häufigsten krank ($\bar{x}$=6,10),
innerhalb der Männer sticht die Gruppe der 30-39-Jährigen hervor ($\bar{x}$=4,54).

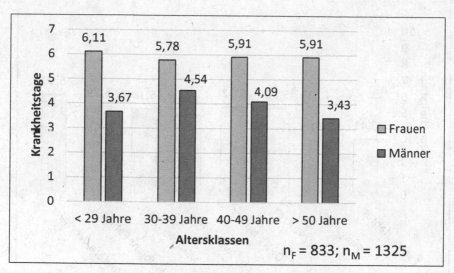

Abbildung 27: Krankheitstage I + II nach Altersklassen und Geschlecht

Krankheitstage I + II nach Verkehrsmittelnutzertypen

Der Mittelwert der Krankheitstage I und II der Fußgänger ist der niedrigste innerhalb der Untergruppe der Nutzertypen (n=41, $\bar{x}$=3,31), aufgrund der geringen Stichprobengröße jedoch nicht sehr aussagekräftig. Die Fahrradfahrer folgen auf Platz 2 der niedrigsten Krankheitstage mit einem Mittelwert von 3,41 Tagen (n=583). Die starken Unterschiede zwischen Fußgängern und Fahrradfahrern und den übrigen Nutzergruppen sind offensichtlich. Die Nutzer des MIV sind im Durchschnitt knapp 2 Tage länger krank als die Fahrradfahrer (n=466, $\bar{x}$=5,30). Der *Mix (wenig MIV)* liegt einen halben Tag darunter (n=197, $\bar{x}$=4,86), der ÖPNV (n=255, $\bar{x}$=5,32) und der *Mix (viel MIV)* (n=177, $\bar{x}$=5,18) knapp darüber. Die Wechsler schneiden am schlechtesten ab, sind aber aufgrund der Heterogenität dieser Untergruppe an dieser Stelle von der Betrachtung ausgeschlossen. Deutlich wird auch, dass es sich offensichtlich lohnt, nicht nur im Sommer, sondern ganzjährig Fahrrad zu fahren, da die Gruppe „Ein-Halbjahr-Fahrrad" (n=242, $\bar{x}$=5,99) ebenfalls knapp zwei Tage mehr krank ist als die Fahrradfahrer.

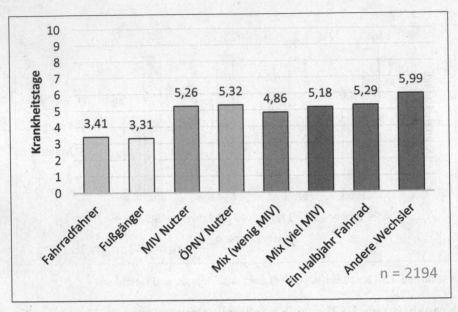

Abbildung 28: Krankheitstage I + II nach Verkehrsmittelnutzertyp

Innerhalb der Gruppe der Frauen zeigen die Fahrradfahrerinnen die geringste Anzahl an Krankheitstagen (n=155, $\overline{x}$=4,68). Sie liegen durchschnittlich fast eineinhalb Tage unter den MIV-Nutzerinnen (n=226; $\overline{x}$=6,06). Die Fußgängerinnen haben einen sehr hohen Durchschnittswert bei den Krankheitstagen, die geringe Stichprobe sollte dabei aber nicht unbeachtet bleiben (n=18, $\overline{x}$= 6,53). Auffällig ist, dass die ÖPNV-Nutzerinnen (n=126, $\overline{x}$=6,62) einen höheren Durchschnittswert als die MIV-Nutzerinnen haben. Die Mix-Nutzerinnen liegen zwischen MIV-Nutzerinnen und Fahrradfahrerinnen.

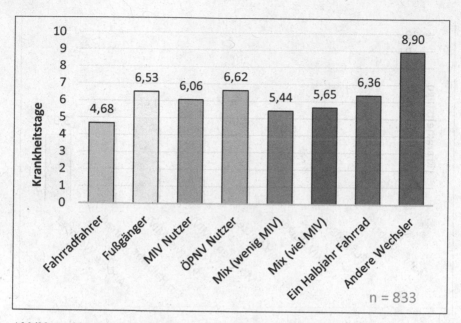

Abbildung 29: Krankheitstage I + II nach Verkehrsmittelnutzertyp (Frauen)

Insgesamt haben die Männer dieser Stichprobe deutlich weniger Krankheitstage als die Frauen zu verzeichnen, wie bereits in Abbildung 25 dargestellt.
Wie bei den weiblichen zeigt sich auch bei den männlichen Fahrradfahrern
(n=428, $\bar{x}$=2,99) eine deutlich geringere Anzahl an Krankheitstagen im Vergleich zu allen anderen Gruppen. Die männlichen Fußgänger haben allerdings
die geringste Anzahl von Krankheitstagen (n=23, $\bar{x}$=0,94). Hier liegt aber, wie
bei den weiblichen Fußgängern, eine sehr geringe Stichprobe vor. Die ÖPNV-
Nutzer (n=129, $\bar{x}$=4,06) geben weniger Krankheitstage als die MIV-Nutzer
(n=240, $\bar{x}$=4,56) an.

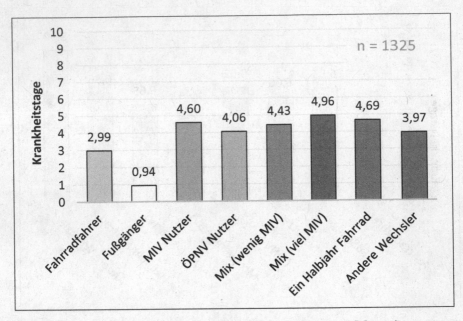

Abbildung 30:   Krankheitstage I + II nach Verkehrsmittelnutzertyp (Männer)

Krankheitstage der Kategorien III und IV

Bei den Krankheitstagen der Kategorien III und IV handelt es sich um die Tage, die man krank zur Arbeit erschienen ist (*Präsentismus*), und die Tage, an denen man in der Freizeit erkrankt war und daher keine Erholung erreichen konnte.

Vor der Reduktion der Stichprobe um die Langzeitkranken betrug der Mittelwert der Krankheitstage III 2,41 (σ_x=5,03). Das Minimum lag bei 0, ebenso der Modalwert. Das Maximum betrug 114 Tage. Der Mittelwert der Krankheitstage IV lag bei 2,70 (σ_x=4,18), Minimum und Modalwert liegen ebenfalls bei 0. Das Maximum der Verteilung liegt bei 76 Tagen.

Nach der Reduktion der Stichprobe beträgt der Mittelwert der Krankheitstage III noch 2,14 Tage (σ_x=4,25). Minimum und Modalwert bleiben unverändert. Das Maximum beträgt nun 51 Tage. Der Mittelwert der Krankheitstage IV liegt nun bei 2,46 (σ_x=4,18). Minimum und Modalwert bleiben ebenfalls unverändert. Das Maximum liegt bei 46 Tagen.

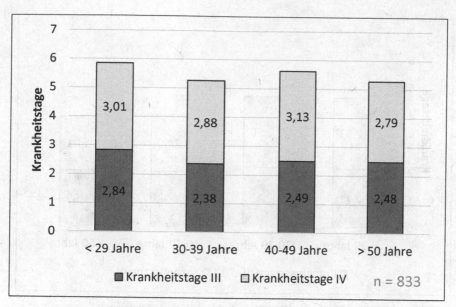

Abbildung 31: Krankheitstage III und IV nach Altersklassen (Frauen)

Frauen (n=833) sind in beiden Kategorien durchschnittlich mehr krank als Männer. In Kategorie III haben sie 2,53 Krankheitstage, in Kategorie IV 2,93 Krankheitstage zu verzeichnen. Männer (n=1325) liegen in Kategorie III bei 2,05 und bei Kategorie IV bei 2,18 Krankheitstagen.

Zwischen den unterschiedlichen Altersklassen zeigen sich insgesamt wenige Unterschiede bezüglich der Krankheitstage III und IV (Abbildung 31 und 32). So sind Frauen der Altersklasse 1 durchschnittlich 2,84 Tage krank bei der Arbeit und 3,01 Tage krank in der Freizeit. Frauen der Altersklasse 2 sind 2,38 Tage krank bei der Arbeit und 2,88 Tage krank in Freizeit. Auch die Frauen der Altersklasse 3 sind 2,49 Tage krank bei der Arbeit und 3,13 Tage krank in ihrer Freizeit. Über 50-jährige Frauen (Altersklasse 3) sind insgesamt am wenigsten krank mit 2,48 Tagen krank bei der Arbeit und 2,79 Tagen krank in Freizeit.

In Altersklasse 1 der Männer lässt sich erkennen, dass diese 2,11 Tage krank bei der Arbeit und 2,53 Tage krank in ihrer Freizeit sind. In Altersklasse 2 sind die Männer 2,16 Tage krank bei der Arbeit und 2,50 Tage krank in Freizeit. Die Männer der Altersklasse 3 sind 1,98 bzw. 2,00 Tage, die Männer der Altersklasse 4 1,99 bzw. 1,91 Tage erkrankt.

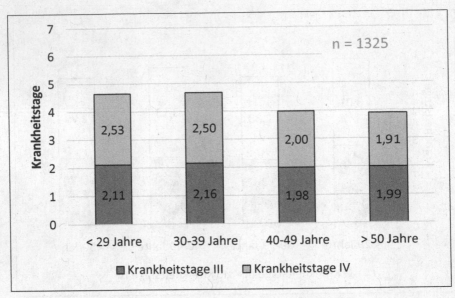

Abbildung 32:   Krankheitstage III + IV nach Altersklassen (Männer)

Krankheitstage III und IV nach Verkehrsmittelnutzertyp

Die Betrachtung der Krankheitstage III und IV nach Verkehrsmittel innerhalb der Gruppe der Frauen zeigt, dass die Fahrradfahrerinnen die niedrigsten Werte zu verzeichnen haben. Sie sind nur 1,54 Tage krank bei der Arbeit und 2,26 Tage krank in der Freizeit. Die Nutzerinnen des *Mix (wenig MIV)* schließen sich mit 1,69 und 2,52 Tagen Krankheit an. In aufsteigender Reihenfolge schließen sich die ÖPNV-Nutzerinnern (2,51; 3,12 Tage), Ein-Halbjahr-Fahrradfahrer (2,72; 3,15 Tage), die MIV-Nutzerinnen (2,96; 3,26 Tage), der Mix (viel MIV) (3,30; 2,89 Tage), die Fußgängerinnen (3,26; 3,76 Tage) und die anderen Wechslerinnen (4,51; 3,81 Tage) an.

Innerhalb der Gruppe der Männer zeigen sich ähnliche Verhältnisse. Die Fußgänger sind mit 1,25 bzw. 1,33 Tagen die gesündeste Gruppe. Die Fahrradfahrrer schließen sich mit 1,59 und 1,74 Tagen an. In aufsteigender Reihenfolge folgen „Ein-Halbjahr-Fahrradfahrer" (1,52; 2,02 Tage), die ÖPNV-Nutzer (2,06; 2,09 Tage), *Mix (wenig MIV)* (1,77; 2,46 Tage), *Mix (viel MIV)* (2,23; 2,10), andere Wechsler (2,43; 2,08 Tage) und die MIV-Nutzer (3,29; 3,06 Tage).

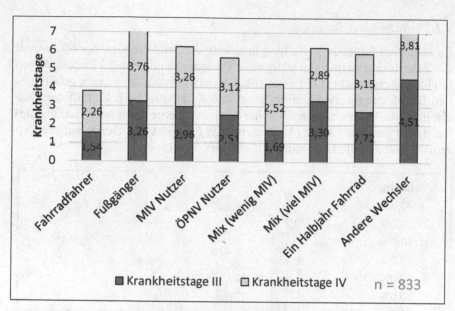

Abbildung 33: Krankheitstage III + IV nach Verkehrsmittel (Frauen)

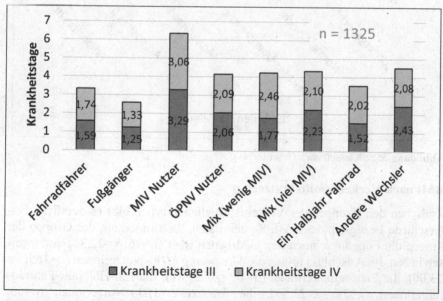

Abbildung 34: Krankheitstage III + IV nach Verkehrsmittel (Männer)

4.1.4   Body-Mass-Index

Es zeigt sich folgende Verteilung innerhalb der Stichprobe: Über 60 Prozent der Frauen sind normalgewichtig (539 Personen) und etwa 20 Prozent haben leichtes Übergewicht (171 Personen). Unter 10 Prozent der Frauen gehören zu den BMI-Extremwerten Untergewicht und Adipositas I-III. Es fällt auf, dass ein größerer Prozentsatz der Männer leichtes Übergewicht aufweist, als dies bei den Frauen der Fall ist (40 Prozent, 478 Personen). In Bezug auf die Extremwerte ähnelt die Gruppe der Männer der der Frauen.

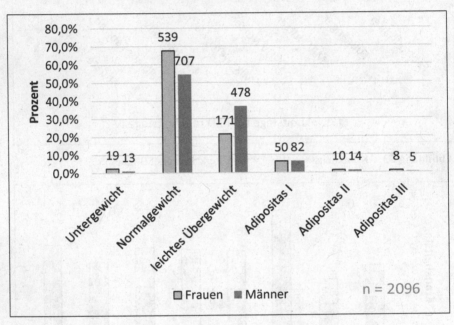

Abbildung 35:   Klassen nach Geschlecht

BMI nach Verkehrsmittelnutzertyp

Zwischen den Gruppen der Verkehrsmittelnutzertypen gibt es deutliche Unterschiede bezüglich des BMI. So zeigt sich, dass innerhalb der Gruppe der Frauen die Fußgängerinnen den niedrigsten BMI (n=16; $\bar{x}$=22,34) aufzuweisen haben. Im Anschluss folgen die *Mix (wenig MIV)*-Nutzerinnen (n=165; $\bar{x}$= 23,00), die Fahrradfahrerinnen (n=149; $\bar{x}$=23,41), die Ein-Halbjahr-Fahrradfahrerinnen (n=78; $\bar{x}$=23,57), die *Mix (viel MIV)*-Nutzerinnen (n=68;

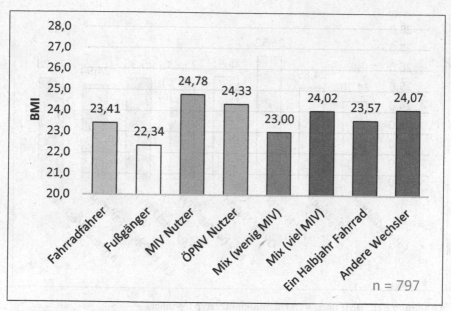

Abbildung 36: BMI nach Verkehrsmittelnutzertyp (Frauen)

$\bar{x}$=24,02) und die anderen Wechslerinnen (n=36; $\bar{x}$=24,07). Die schlechtesten Plätze belegen die ÖPNV-Nutzerinnen (n=122; $\bar{x}$=24,33) und die MIV-Nutzerinnen (n=232; $\bar{x}$=24,78).

Zwischen den Gruppen der männlichen Verkehrsmittelnutzertypen zeichnen sich ähnliche Verhältnisse wie bei den weiblichen ab, allerdings liegt der BMI der Männer wie bereits beschrieben insgesamt etwas höher als der der Frauen. Die Fahrradfahrer (n=424; $\bar{x}$=24,20), die Fußgänger (n=22; $\bar{x}$=24,89) sowie die Ein-Halbjahr-Fahrradfahrer (n=155; $\bar{x}$=24,94) liegen auf den vordersten Plätzen. In aufsteigender Reihenfolge schließen sich die anderen Wechsler (n=50; $\bar{x}$=25,26), die *Mix (wenig MIV)*-Nutzer (n=165; $\bar{x}$=25,33) die *Mix (viel MIV)*-Nutzer (n=125; $\bar{x}$=25,33), die ÖPNV-Nutzer (n=126; $\bar{x}$=25,45) und die MIV-Nutzer (n=232; $\bar{x}$=26,52) an.

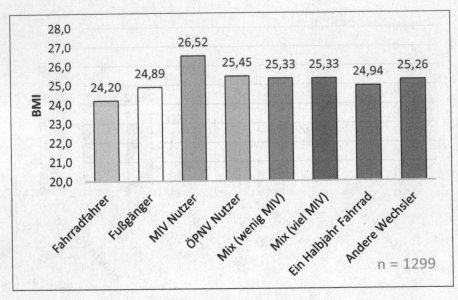

Abbildung 37:　BMI nach Verkehrsmittelnutzertyp (Männer)

4.1.5　Well-Being-Score

Vor der Extraktion der Ausreißer (Kapitel 3.2.2) liegt der Mittelwert des Well-Being-Scores bei 55,77. Nach der Extraktion liegt der Mittelwert bei 56,36. In beiden Fällen liegen Minimum und Maximum bei jeweils 0,0 bzw. 100 Punkten. Männer haben einen höheren Mittelwert (n=1325, $\bar{x}$=57,94, σ_x=18,51) als Frauen (n=833, $\bar{x}$=54,25, σ_x=19,41) zu verzeichnen. Im Vergleich der Altersklassen fällt auf, dass die Teilnehmer ein höheres Wohlbefinden in höheren Altersklassen haben. Die <29-Jährigen liegen bei 55,51, die 30-39-Jährigen bei 55,10, die 40 - 49-Jährigen bei 57,17 und die > 50-Jährigen bei 57,86 Punkten. Führungskräfte ($\bar{x}$=58,94) geben ein deutlich höheres Wohlbefinden als Nicht-Führungskräfte ($\bar{x}$=55,37) an.

Das klassierte Well-Being zeigt in den Untergruppen des Geschlechts, dass die männlichen Teilnehmer ihr Wohlbefinden höher einstufen als die weiblichen Teilnehmer dies tun (Abbildung 38).

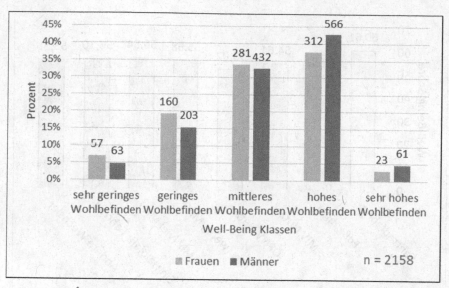

Abbildung 38: Well-Being Klassen nach Geschlecht (in Prozent des jeweiligen Geschlechts und in absoluten Zahlen)

Well-Being nach Verkehrsmittelnutzertyp

Zwischen den Verkehrsmittelnutzergruppen zeigen sich ebenfalls Unterschiede (Abbildung 39). Die Fahrradfahrer haben den mit Abstand höchsten Mittelwert des Well-Being-Score ($\overline{x}$=60,61). Zwischen den anderen Verkehrsmittelnutzertypen sind die Unterschiede geringer. Die Fußgänger haben den niedrigsten Well-Being-Score zu verzeichnen ($\overline{x}$=49,52), allerdings sollte die geringe Größe der Stichprobe auch hier beachtet werden.

Innerhalb der Gruppe der Frauen zeigen die Fahrradfahrerinnen den höchsten Durchschnittswert ($\overline{x}$=56,72). Mit geringem Abstand folgen die Anderen Wechsler ($\overline{x}$=56,67), die Nutzerinnen des *Mix (wenig MIV)* ($\overline{x}$=56,14) und die Nutzerinnen des *Mix (viel MIV)* ($\overline{x}$=56,10). Einen deutlichen Abstand haben die Ein-Halbjahr-Fahrradfahrerinnen ($\overline{x}$=53,16), die MIV-Nutzerinnen ($\overline{x}$=53,77), die ÖPNV-Nutzerinnen ($\overline{x}$=50,13) und die Fußgängerinnen ($\overline{x}$=47,78).

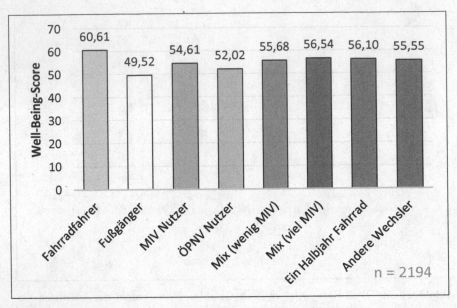

Abbildung 39: Well-Being-Score nach Verkehrsmittelnutzern

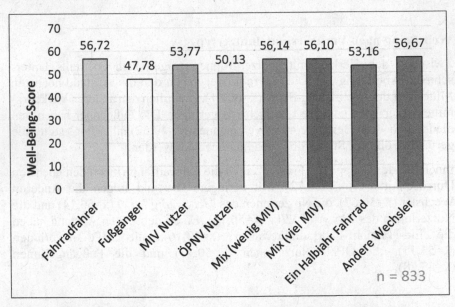

Abbildung 40: Well-Being-Score nach Verkehrsmittelnutzertyp (Frauen)

Der Kontrast zwischen den Fahrradfahrern und den übrigen Verkehrsmittelnutzern ist bei den Männern stärker als bei den Frauen. Männliche Fahrradfahrer haben einen Durchschnittswert von $\overline{x}$=62,21 Punkten. Die Reihenfolge der übrigen Nutzer gleicht der der Frauen. Es folgen absteigen die Ein-Halbjahr-Fahrradfahrer ($\overline{x}$=57,92), Nutzer des *Mix (viel MIV)* ($\overline{x}$=56,63), die Nutzer des *Mix (wenig MIV)* ($\overline{x}$=56,59), die MIV-Nutzer ($\overline{x}$=55,20), die ÖPNV-Nutzer ($\overline{x}$=54,08), die Anderen Wechsler ($\overline{x}$=54,77) und die Fußgänger ($\overline{x}$=53,04).

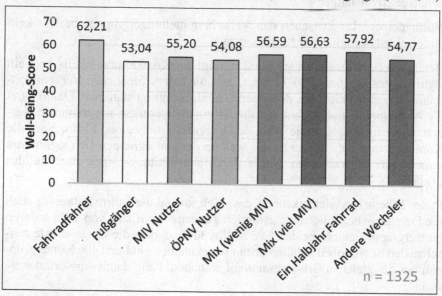

Abbildung 41: Well-Being nach Verkehrsmittelnutzertyp (Männer)

4.2 Analytische Statistik

In Kapitel 4.1 wurde mit einer deskriptiven Beschreibung die Betrachtung der Stichprobe vorgenommen. In diesem Kapitel sollen nun mithilfe von induktiven Verfahren, welche bereits in Kapitel 3.3 vorgestellt wurden, Rückschlüsse auf die Zielpopulation oder Grundgesamtheit gezogen werden. Der Fokus liegt dabei auf der Angabe von Konfidenzintervallen und der Durchführung statistischer Tests (KREIENBROCK u. SCHACH 2005: 109).

4.2.1 Hypothesentests

Hypothese 1: Die Wahl des Verkehrsmittels auf dem Arbeitsweg hat Einfluss auf die Gesundheit Berufstätiger.

Die Hypothese 1 wird im Folgenden unterteilt in Hypothese 1a, 1b und 1c.

Hypothese 1a: Die Wahl des Verkehrsmittels beeinflusst die Zahl der Krankheitstage Berufstätiger.

Nullhypothese 1a: Zwischen den Verkehrsmittelnutzergruppen besteht kein Unterschied bezüglich der Krankheitstage.

Bezüglich der Krankheitstage I und II zeigt der Kruskal-und-Wallis-Test ein signifikantes Ergebnis (**). Er zeigt, dass die unterschiedlichen Verkehrsmittelnutzergruppen nicht aus derselben Grundgesamtheit stammen. Damit kann die Nullhypothese abgelehnt und die Alternativhypothese angenommen werden. Das bedeutet, dass die Wahl des Verkehrsmittels einen Einfluss auf die Krankheitstage hat. Um zu testen, welche der Untergruppen sich signifikant voneinander unterscheiden, wurde der Mann-Whitney-U-Test durchgeführt (Tabelle 4).

In der Tabelle lässt sich erkennen, dass sich sowohl die Fahrradfahrer als auch die Fußgänger bezüglich ihrer zentralen Tendenz signifikant von allen anderen Nutzergruppen unterscheiden. Die Nullhypothese, dass die Unterschiede zwischen den Stichproben zufällig zustande gekommen sind und alle Nutzergruppen aus der gleichen Grundgesamtheit stammen, kann damit verworfen werden.

Bezüglich der Krankheitstage I-IV zeigt der Kruskal-und-Wallis-Test ebenfalls ein signifikantes Ergebnis (**). Welche Untergruppen sich signifikant voneinander unterscheiden, lässt sich in Tabelle 4 an den unteren Werten p-Werten ablesen. Bezüglich aller Krankheitstage (I-IV) unterscheiden sich die Fahrradfahrer von allen anderen Nutzern außer den Fußgängern höchstsignifikant. Die Fußgänger unterscheiden sich von MIV- und ÖPNV-Nutzern signifikant.

Tabelle 4: Mann-Whitney-U-Test bezüglich der Krankheitstage I und II, I-IV

	Fuß-gänger	MIV	ÖPNV	Mix (wenig MIV)	Mix (viel MIV)	1 HJ Fahr-rad	Andere Wechs-ler
Fahrrad	0,473 0,846	0,000** 0,000**	0,000** 0,000**	0,000** 0,000**	0,004* 0,002*	0,000** 0,000**	0,004* 0,001*
Fußgän-ger		0,030* 0,013*	0,007* 0,015*	0,019* 0,090	0,065 0,132	0,012* 0,098	0,035* 0,034*
MIV			0,346 0,858	0,995 0,051	0,602 0,089	0,511 0,087	0,610 0,902
ÖPNV				0,364 0,095	0,206 0,142	0,747 0,134	0,941 0,782
Mix (we-nig MIV)					0,586 0,930	0,599 0,943	0,644 0,183
MIX (viel MIV)						0,319 0,827	0,426 0,276
1 HJ Fahrrad							0,929 0,302
*P≤0,05; **P<0,001							

Zur Interpretation der Tabelle: In der Tabelle sind die p-Werte des Vergleichs der Stichproben der unterschiedlichen Verkehrsmittelnutzertypen dargestellt. Je kleiner p, desto unwahrscheinlicher ist die Nullhypothese (beide Stichproben entstammen der gleichen Grundgesamtheit). Der p-Wert enthält keine weitere Information als die, ob α unterschritten wurde oder nicht (DU PREL ET AL. 2009). Beispiel: Mit einer Wahrscheinlichkeit von unter 0,001 Prozent ist die Annahme, dass die Fahrradfahrer nicht der gleichen Grundgesamtheit wie die MIV-Nutzer entstammen, falsch. Der im deskriptiven Teil vorgestellte Unterschied zwischen den Verteilungen wäre dann zufällig zustande gekommen.

Auch bei Aufteilung der Nutzergruppen nach Geschlecht, zeigen sich signifikante Unterschiede zwischen den Krankheitstagen I und II der Fahrradfahrer und anderen Verkehrsteilnehmern. Die männlichen Fahrradfahrer unterscheiden sich von allen anderen Nutzern signifikant bzw. höchstsignifikant (Tabelle 5).

Tabelle 5: Mann-Whitney-U-Test bezüglich der Krankheitstage I und II nach Geschlecht

Weiblich-Männlich	Fuß-gänger	MIV	ÖPNV	Mix (wenig MIV)	Mix (viel MIV)	1 HJ Fahrrad	Andere Wechsler
Fahrrad	0,177 0,008*	0,032* 0,016*	0,004* 0,012*	0,385 0,000**	0,554 0,011*	0,019* 0,001*	0,008* 0,320
Fuß-gänger		0,568 0,002*	0,969 0,001*	0,379 0,000**	0,353 0,001**	0,896 0,000**	0,575 0,012*
MIV			0,303 0,835	0,324 0,287	0,389 0,619	0,477 0,335	0,103 0,705
ÖPNV				0,071 0,470	0,118 0,771	0,894 0,544	0,343 0,624
Mix (wenig MIV)					0,901 0,661	0,170 0,889	0,052 0,295
MIX (viel MIV)						0,181 0,752	0,056 0,501
1 HJ Fahrrad							0,304 0,304
*P≤0,05; **P<0,001							

Hypothese 1b: Die Wahl des Verkehrsmittels beeinflusst den BMI Berufstätiger.

Nullhypothese 1b: Zwischen den Verkehrsmittelnutzergruppen besteht kein Unterschied bezüglich des BMI.

Bezüglich des BMI zeigt der Kruskal und Wallis-Test ein signifikantes Ergebnis (**). Er zeigt, dass die unterschiedlichen Verkehrsmittelnutzergruppen nicht aus derselben Grundgesamtheit stammen. Damit kann die Alternativhypothese angenommen werden. Das bedeutet, dass die Wahl des Verkehrsmittels einen Einfluss auf den BMI hat.

Um zu testen, welche der Untergruppen sich signifikant voneinander unterscheiden, wurde der Mann-Whitney-U-Test durchgeführt (Tabelle 6).

Hier zeigt sich, dass die Unterschiede zwischen Fahrrad und MIV, Fahrrad und ÖPNV, Fahrrad und *Mix (viel MIV)*, Fußgängern und MIV, MIV und ÖPNV, MIV und *Mix (wenig MIV)* sowie MIV und Ein-Halbjahr-Fahrrad (höchst) signifikant sind.

Tabelle 6: Mann-Whitney-U-Test bezüglich des BMI

	Fuß-gänger	MIV	ÖPNV	Mix (we-nig MIV)	MIX (viel MIV)	1 HJ Fahrrad	Andere Wechs-ler
Fahrrad	0,866	0,000*	0,007*	0,371	0,005*	0,085	0,042
Fußgän-ger		0,024*	0,178	0,562	0,143	0,367	0,205
MIV			0,045*	0,000**	0,099	0,003*	0,289
ÖPNV				0,121	0,773	0,398	0,831
Mix (we-nig MIV)					0,074	0,461	0,230
MIX (viel MIV)						0,259	0,938
1 HJ Fahrrad							0,401
*P≤0,05; **P<0,001							

In Tabelle 7 wird aufgedeckt, dass die signifikanten Unterschiede zwischen Fahrradfahrern und anderen Nutzergruppen aus Tabelle 6 vor allem durch die Männer zustande gekommen sind. Diese haben nämlich in der geschlechterspezifischen Betrachtung weiterhin signifikante p-Werte, während bei den Frauen die Nullhypothese angenommen werden muss. Die männlichen MIV-Nutzer unterscheiden sich ebenfalls signifikant von fast allen anderen Nutzergruppen. Die Frauen unterschreiten die Irrtumswahrscheinlichkeit nur bezüglich des *Mix (wenig MIV)* und der Ein-Halbjahr-Fahrradfahrerinnen.

Tabelle 7: Mann-Whitney-U-Test bezüglich des BMI nach Geschlecht

Weiblich Männlich	Fußgänger	MIV	ÖPNV	Mix (wenig MIV)	MIX (viel MIV)	1 HJ Fahrrad	Andere Wechsler
Fahrrad	0,348 0,226	0,009* 0,000**	0,071 0,000**	0,532 0,001**	0,357 0,000**	0,772 0,008**	0,482 0,009**
Fußgänger		0,037 0,088	0,062 0,649	0,470 0,839	0,151 0,637	0,260 0,892	0,246 0,621
MIV			0,617 0,015*	0,001* 0,001*	0,267 0,009*	0,044 0,000**	0,489 0,080
ÖPNV				0,012* 0,571	0,479 0,978	0,157 0,293	0,783 0,987
Mix (wenig MIV)					0,145 0,501	0,425 0,617	0,351 0,572
MIX (viel MIV)						0,539 0,229	0,967 0,912
1 HJ Fahrrad							0,710 0,344

*P≤0,05; **P<0,001

Hypothese 1c: Die Wahl des Verkehrsmittels beeinflusst das Well-Being Berufstätiger.

Nullhypothese 1c: Zwischen den Verkehrsmittelnutzergruppen besteht kein Unterschied bezüglich des Well-Being.

Bezüglich des Well-Being zeigt der Kruskal und Wallis-Test ein signifikantes Ergebnis (**). Er zeigt, dass die unterschiedlichen Verkehrsmittelnutzergruppen nicht aus derselben Grundgesamtheit stammen. Damit kann die Alternativhypothese angenommen werden. Das bedeutet, dass die Wahl des Verkehrsmittels einen Einfluss auf das Well-Being hat.

Um zu testen, welche der Untergruppen sich signifikant voneinander unterscheiden, wurde der Mann-Whitney-U-Test durchgeführt (Tabelle 8). Es lässt sich erkennen, dass signifikante Unterschiede vor allem zwischen den Fahrradfahrern und den anderen Nutzergruppen bestehen. Die Nutzer des ÖPNV unterscheiden sich signifikant von denen des MIV, der beiden Mix-Nutzergruppen und den Personen, die ein Halbjahr Fahrrad fahren.

Tabelle 8:   Mann-Whitney-U-Test bezüglich des Well-Being

	Fußgänger	MIV	ÖPNV	Mix (wenig MIV)	MIX (viel MIV)	1 HJ Fahrrad	Andere Wechsler
Fahrrad	0,001*	0,000**	0,000**	0,000**	0,008*	0,002*	0,010*
Fußgänger		0,150	0,725	0,078	0,060	0,079	0,183
MIV			0,031*	0,575	0,309	0,419	0,912
ÖPNV				0,007*	0,006*	0,008*	0,125
Mix (wenig MIV)					0,694	0,794	0,870
MIX (viel MIV)						0,813	0,610
1 HJ Fahrrad							0,666
*P≤0,05; **P<0,001							

In Tabelle 9 lässt sich erkennen, dass sich vor allem die männlichen Fahrradfahrer signifikant von den anderen Nutzergruppen unterscheiden. Außerdem unterscheiden sich die weiblichen ÖPNV-Nutzer signifikant von den anderen Nutzergruppen. Die Nullhypothese, dass die Unterschiede zwischen den Stichproben zufällig zustande gekommen sind und alle Nutzergruppen aus der gleichen Grundgesamtheit stammen, kann damit verworfen werden.

Tabelle 9: Mann-Whitney-U-Test bezüglich des Well-Being nach Geschlecht

Weiblich / Männlich	Fußgänger	MIV	ÖPNV	Mix (wenig MIV)	MIX (viel MIV)	1 HJ Fahrrad	Andere Wechsler
Fahrrad	0,078 0,022*	0,134 0,000**	0,002* 0,000**	0,611 0,001*	0,733 0,006*	0,317 0,007*	0,808 0,003*
Fußgänger		0,258 0,551	0,797 0,963	0,113 0,389	0,146 0,393	0,327 0,278	0,113 0,872
MIV			0,065 0,312	0,363 0,641	0,433 0,558	0,991 0,318	0,418 0,615
ÖPNV				0,010* 0,118	0,023* 0,160	0,203 0,051	0,055 0,825
Mix (wenig MIV)					0,992 0,987	0,522 0,614	0,715 0,376
MIX (viel MIV)						0,501 0,737	0,734 0,403
1 HJ Fahrrad							0,528 0,218

*P≤0,05; **P<0,001

Hypothese 2: Die Streckenlänge und Fahrtdauer des täglichen Arbeitswegs von Fahrradfahrern beeinflussen die Gesundheit positiv.

Die Hypothese 2 wird im Folgenden unterteilt in Hypothesen 2a, 2b und 2c.

Hypothese 2a: Je länger die Streckenlänge und Fahrtdauer des täglichen Arbeitswegs von Fahrradfahrern, desto niedriger die Zahl der Krankheitstage.

Nullhypothese 2a: Es besteht kein Zusammenhang zwischen der Streckenlänge und Fahrtdauer des Arbeitswegs von Fahrradfahrern und der Anzahl der Krankheitstage.

Es wurde ein einseitiger Test durchgeführt, da es sich um eine gerichtete Hypothese handelt. Der Rangkorrelationskoeffizient nach Spearman zeigt zwischen den Variablen Fahrzeit und den verschiedenen Kategorien der Krankheitstage schwache bis sehr schwache negative Korrelationen (Tabelle 10).

Dieser negative Zusammenhang besagt, dass die Zahl der Krankheitstage umso geringer ist, je länger bzw. weiter die Fahrzeit bzw. –strecke der Arbeitswege mit dem Fahrrad ist. Die höchste signifikante Korrelation zeigt sich zwischen den Krankheitstagen III und IV und der Fahrradzeit mit einem r von - 0,258 (-0,327 bis -0,183). Ebenso verhält es sich zwischen der Radstrecke und den Krankheitstagen III und IV. Etwas schwächere negative Korrelationen lassen sich zwischen Strecke und Fahrzeit und den Krankheitstagen I und II erkennen. Damit wird für die Hypothese 2a die Alternativhypothese angenommen.

Tabelle 10: Rangkorrelationskoeffizienten nach Spearman (Fahrradfahrer)

Variablen	r	Signifikanz	Konfidenzintervall	n
Fahrzeit – Krankheitstage I+II	-0,107*	0,045	-0,183 bis -0,25	591
Fahrzeit – Krankheitstage III + IV	-0,258**	0,000	-0,327 bis -0,183	591
Fahrzeit – Krankheitstage I-IV	-0,188**	0,000	-0,266 bis -0,106	591
Fahrzeit – Well-Being	0,07*	0,044	-0,006 bis 0,155	591
Fahrzeit – BMI	0,045	0,143	-0,035 bis 0,121	579
Fahrstrecke - Krankheitstage I+II	-0,116*	0,003	-0,188 bis -0,040	588
Fahrstrecke – Krankheitstage III + IV	-0,243**	0,000	-0,316 bis -0,163	588
Fahrstrecke –Krankheitstage I - IV	-0,186**	0,000	-0,265 bis -0,105	588
Fahrstrecke –Well-Being	0,120*	0,015	0,41 bis 0,202	588
Fahrstrecke – BMI	0,031	0,229	-0,045 bis 0,109	577
*P≤0,05; **P<0,001				

Hypothese 2b: Je länger die Streckenlänge und Fahrtdauer des täglichen Arbeitswegs von Fahrradfahrern, desto niedriger der BMI.

Nullhypothese 2b: Es besteht kein Zusammenhang zwischen der Strecken-länge und Fahrtdauer des Arbeitswegs von Fahrradfahrern und dem BMI.

Zwischen Streckenlänge und Fahrtdauer des täglichen Arbeitswegs von Fahr-radfahrern und dem BMI ließ sich kein signifikanter Zusammenhang feststel-len. Die Nullhypothese muss damit angenommen werden.

Hypothese 2c: Je länger die Streckenlänge und Fahrtdauer des täglichen Ar-beitswegs von Fahrradfahrern, desto höher das Well-Being.

Nullhypothese 2c: Es besteht kein Zusammenhang zwischen der Strecken-länge und Fahrtdauer des Arbeitswegs von Fahrradfahrern und dem Well-Being.

Beim Well-Being zeigen sich signifikante positive Zusammenhänge mit der Streckenlänge und Fahrtdauer. Die Nullhypothese kann damit verworfen und die Alternativhypothese angenommen werden.

Hypothese 3: Die Streckenlänge und Fahrtdauer des täglichen Arbeitswegs von MIV-Nutzern beeinflussen die Gesundheit negativ.

Die Hypothese 3 wird im Folgenden unterteilt in Hypothesen 3a, 3b und 3c.

Hypothese 3a: Je länger die Streckenlänge und Fahrtdauer der Arbeitsweg von MIV-Nutzern, desto höher die Anzahl der Krankheitstage.

Nullhypothese: Es besteht kein Zusammenhang zwischen der Streckenlänge und Fahrtdauer der Arbeitswege von MIV-Nutzern und der Anzahl der Krank-heitstage.

Da sich keine signifikanten bzw. aussagekräftigen Korrelationskoeffizienten zeigen, muss die Nullhypothese angenommen werden. Der Korrelationskoef-fizient der Krankheitstage III bis IV ist zwar signifikant, aber so schwach, dass dieser Wert keine relevante Aussage enthält (Tabelle 11).

Hypothese 3b: Je länger die Streckenlänge und Fahrtdauer der Arbeitsweg von MIV-Nutzern, desto höher der BMI.

Nullhypothese: Es besteht kein Zusammenhang zwischen der Distanz der Ar-beitswege von MIV-Nutzern und dem BMI.

Da sich keine signifikanten Korrelationskoeffizienten zeigen, muss die Null-hypothese angenommen werden (Tabelle 11).

Hypothese 3c: Je länger die Streckenlänge und Fahrtdauer der Arbeitsweg von MIV-Nutzern, desto niedriger das Well-Being.

Nullhypothese: Es besteht kein Zusammenhang zwischen der Streckenlänge und Fahrtdauer der Arbeitswege von MIV-Nutzern und dem Well-Being.

Da sich keine signifikanten Korrelationskoeffizienten zeigen, muss die Nullhypothese angenommen werden (Tabelle 11).

Tabelle 11: Rangkorrelationskoeffizienten nach Spearman (MIV-Nutzer)

Variablen	r	Signifikanz	Konfidenzintervall	n
Fahrzeit – Krankheitstage I+II	-0,026	0,290	-0,111 bis 0,067	470
Fahrzeit – Krankheitstage III + IV	-0,079*	0,043	-0,169 bis 0,013	470
Fahrzeit – Krankheitstage I-IV	-0,069	0,069	-0,162 bis 0,031	470
Fahrzeit – Well-Being	0,069	0,069	-0,026 bis 0,161	470
Fahrzeit – BMI	-0,015	0,379	-0,098 bis 0,076	452
Fahrstrecke - Krankheitstage I+II	-0,035	0,227	-0,131 bis -0,054	467
Fahrstrecke – Krankheitstage III + IV	-0,087*	0,030	-0,178 bis 0,003	467
Fahrstrecke –Krankheitstage I - IV	-0,083*	0,036	-0,172 bis 0,010	467
Fahrstrecke –Well-Being	0,071	0,062	-0,021 bis 0,154	467
Fahrstrecke – BMI	-0,031	0,254	-0,128 bis 0,061	449
*P≤0,05; **P<0,001				

Hypothese 4: Die Fahrtdauer des täglichen Arbeitswegs von ÖPNV-Nutzern beeinflusst die Gesundheit negativ.[17]

Die Hypothese 4 wird im Folgenden unterteilt in Hypothesen 4a, 4b und 4c.

---

[17] Für die ÖPNV-Nutzer wurde nur die Fahrzeit, nicht aber die Fahrstrecke, erfasst.

Hypothese 4a: Je länger die Fahrtdauer des täglichen Arbeitswegs von ÖPNV-Nutzern, desto höher die Anzahl der Krankheitstage.

Nullhypothese: Es besteht kein Zusammenhang zwischen der Fahrtdauer der Arbeitswege von ÖPNV-Nutzern und der Anzahl der Krankheitstage.

Da sich keine signifikanten Korrelationskoeffizienten zeigen, muss die Nullhypothese angenommen werden (Tabelle 12).

Tabelle 12: Rangkorrelationskoeffizienten nach Spearman (ÖPNV)

Variablen	r	Signifikanz	Konfidenzintervall	n
Fahrzeit – Krankheitstage I+II	0,075	0,115	-0,049 bis 0,208	258
Fahrzeit – Krankheitstage III + IV	0,037	0,276	-0,104 bis 0,158	258
Fahrzeit – Krankheitstage I-IV	-0,073	0,122	-0,056 bis 0,193	258
Fahrzeit – Well-Being	-0,021	0,369	-0,154 bis 0,098	258
Fahrzeit – BMI	0,008	0,448	-0,121 bis 0,153	250
*P≤0,05; **P<0,001				

Hypothese 4b: Je länger die Fahrtdauer des täglichen Arbeitswegs von ÖPNV-Nutzern, desto höher der BMI.

Nullhypothese: Es besteht kein Zusammenhang zwischen der Distanz der Arbeitswege von ÖPNV-Nutzern und dem BMI.

Da sich keine signifikanten Korrelationskoeffizienten zeigen, muss die Nullhypothese angenommen werden (Tabelle 12).

Hypothese 4c: Je länger die Fahrtdauer des täglichen Arbeitswegs von ÖPNV-Nutzern, desto niedriger das Well-Being.

Nullhypothese: Es besteht kein Zusammenhang zwischen der Fahrtdauer der Arbeitswege von ÖPNV-Nutzern und dem Well-Being.

Da sich keine signifikanten Korrelationskoeffizienten zeigen, muss die Nullhypothese angenommen werden (Tabelle 12).

4.2.2 Regressionsmodelle

In die Regressionsmodelle wurden alle Variablen, die aus fachlichen Gründen sinnvoll erschienen bzw. wenn sich ein signifikanter Einfluss auf die abhängigen Variablen zeigte, aufgenommen. Die Vorgehensweise erfolgte in Orientierung an der Untersuchung von FLINT et al., die den Zusammenhang zwischen aktivem Pendeln und BMI untersuchten (FLINT et al. 2014). Die Fußgänger wurden aufgrund der geringen Stichprobe und die „Anderen Wechsler" aufgrund der Heterogenität innerhalb der Gruppe nicht in die Modelle aufgenommen. Ausgehend von einem unangepassten Modell werden jeweils ein altersangepasstes und ein vollständig angepasstes Modell dargestellt. Die Anpassung bezieht sich auf die Hinzunahme weiterer Variablen (FLINT et al. 2014).

Regressionsmodell der Krankheitstage I und II

Es zeigten sich signifikante Unterschiede zwischen den Krankheitstagen und dem Geschlecht (Mann-Whitney Test, P < 0,001) sowie signifikante Unterschiede zwischen der Verkehrsmittelwahl und dem Geschlecht (χ^2-Test, <0,001). Daher wurde die Regressionsanalyse geschlechterspezifisch durchgeführt (FLINT et al. 2014).

Es zeigte sich keine Korrelation zwischen der Sporthäufigkeit pro Woche und den Krankheitstagen (Spearman-Rho, P = 0,418). Diese Variable wurde daher nicht mit in das Modell hineingenommen. Auch der Anteil der sitzenden Tätigkeit an der Arbeitszeit beeinflusst die Krankheitstage nicht (Spearman-Rho, r=0,041, P=0,059).

Ein Zusammenhang zeigte sich zwischen den unterschiedlichen Altersklassen (Kruskal-Wallis-Test, P=0,002), zwischen führenden und nicht-führenden Positionen (Mann-Whitney-U-Test, P < 0,001) und den Krankheitstagen. Daher wurden diese mit in das Modell aufgenommen.

In Tabelle 13 ist die multivariate Regressionsanalyse des Zusammenhangs zwischen Verkehrsmittelwahl und den Krankheitstagen I und II nach Geschlecht dargestellt. Es zeigt sich, dass im Vergleich mit den MIV-Nutzern nur die Fahrradfahrer eine signifikant niedrigere Anzahl an Krankheitstagen haben. Im unangepassten Modell haben männliche Fahrradfahrer -1,609 (-2,524 bis -0,695)** weniger Krankheitstage als die MIV-Nutzer. Fahrradfahrerinnen haben -1,381 (-2,626 bis -0,135)* weniger Krankheitstage zu verzeichnen als MIV-Nutzerinnen. Auch in den altersangepassten und vollständig angepassten Modellen bleiben die Verhältnisse ähnlich.

Tabelle 13: Konfidenzintervalle der Regression der Krankheitstage I+II

	Männer		
	Unangepasster Unterschied	Altersangepasster Unterschied	Vollständig angepasster Unterschied
Fahrrad	-1,609 (-2,524 bis -0,695)**	-1,582 (-2,504 bis -0,661)**	-1,791 (-2,704 bis -0,878)**
Ein Halbjahr Fahrrad	,090 (-1,114 bis 1,293)	,149 (-1,060 bis 1,358)	-0,036 (-1,224 bis 1,153)
Mix (wenig MIV)	-0,162 (-1,278 bis 0,954)	-0,193 (-1,305 bis 0,918)	-0,418 (-1,523 bis 0,687)
Mix (viel MIV)	0,368 (-1,053 bis 1,788)	0,419 (-1,008 bis 1,845)	0,386 (-1,035 bis 1,807)
ÖPNV	-0,539 (-1,728 bis 0,650)	-0,520 (-1,719 bis 0,679)	-0,819 (-2,025 bis 0,387)
MIV	0	0	0
AK 1	-	0,260 (-0,634 bis 1,154)	-0,666 (-1,648 bis 0,317)
AK 2	-	1,155 (0,311 bis 2,000)*	0,615 (-0,257 bis 1,486)
AK 3	-	0,673 (-0,118 bis 1,464)	0,413 (-0,381 bis 1,207)
AK 4	-	0	0
Führend	-	-	-1,943 (-2,577 bis -1,308)*
Nicht führend	-	-	0

	Frauen		
	Unangepasster Unterschied	Altersangepasster Unterschied	Vollständig angepasster Unterschied
Fahrrad	-1,381 (-2,626 bis -0,135)*	-1,330 (-2,584 bis -0,075)*	-1,302 (-2,561 bis -0,043)*
Ein Halbjahr Fahrrad	0,303 (-1,327 bis 1,934)	0,291 (-1,344 bis 1,926)	0,267 (-1,380 bis 1,914)
Mix (wenig MIV)	-0,616 (-2,098 bis 0,865)	-0,634 (-2,125 bis 0,857)	-0,625 (-2,151 bis 0,900)
Mix (viel MIV)	-0,410 (-2,142 bis 1,322)	-0,417 (-2,155 bis 1,321)	-0,412 (-2,174 bis 1,351)
ÖPNV	0,558 (-0,907 bis 2,022)	0,411 (-1,055 bis 1,877)	0,383 (-1,077 bis 1,842)
MIV	0	0	0
AK 1	-	0,466 (-0,903 bis 0,835)	0,359 (-1,087 bis 1,804)
AK 2		0,195 (-0,999 bis 1,389)	0,122 (-1,122 bis 1,367)
AK 3		0,253 (-1,024 bis 1,529)	0,183 (-1,113 bis 1,479)
AK 4	-	0	0
Führend		-	-0,236 (-1,513 bis 1,042)
Nicht führend		-	0

*P≤0,05; **P<0,001

Zur Interpretation der Tabelle 13: Mit einer Wahrscheinlichkeit von 95 (*) bzw. 99,9 (**) Prozent liegen die wahren Werte der Grundgesamtheit innerhalb des in Klammern angegeben Konfidenzintervalls. Beispiel: Der wahre Regressionskoeffizient liegt bei den männlichen Fahrradfahrern mit einer Wahrscheinlichkeit von 99,9 Prozent zwischen -2,524 bis -0,691 **Krankheitstagen** unterhalb denen der MIV-Nutzer. (DU PREL ET AL. 2009).

Regressionsmodell des BMI

Es zeigten sich signifikante Unterschiede zwischen dem BMI und dem Geschlecht (Mann-Whitney Test, P < 0,001) und signifikante Unterschiede zwischen der Verkehrsmittelwahl und dem Geschlecht (χ^2-Test, P<0,001). Daher wurde die Regressionsanalyse für die abhängige Variable BMI geschlechterspezifisch durchgeführt (FLINT et al. 2014).

Auch die Variablen Altersklasse (Kruskall-Wallis-Test, P<0,001), Sporthäufigkeit (Kruskal-Wallis-Test, P<0,001), Sitzhäufigkeit bei der Arbeit und Führungsposition (Mann-Whitney-U-Test, P<0,001) wurden in das Modell mitaufgenommen, weil sich hier signifikante Zusammenhänge mit der Variable BMI zeigten.

In Tabelle 14 ist die multivariate Regressionsanalyse des Zusammenhangs zwischen Verkehrsmittelwahl und BMI nach Geschlecht dargestellt. Es zeigt sich, dass im Vergleich mit den MIV-Nutzern (fast) alle anderen Verkehrsmittelnutzer einen niedrigeren BMI haben. Dies bestätigt sich sowohl in den unangepassten als auch in den altersangepassten und in den vollständig angepassten Modellen.

Für die Männer zeigten sich signifikante Effekte bei allen Verkehrsmitteln im Verhältnis zum MIV. Im unangepassten Modell hatten Fahrradfahrer einen 2,32 Punkte (95% Konfidenzintervall: -2,872 bis -1,758)** niedrigeren BMI als Nutzer des MIV. Männer, die ein Halbjahr Fahrrad gefahren sind, hatten einen 1,575 Punkte (-2,282 bis -0,868)** niedrigeren BMI als MIV-Nutzer. Durch die Altersanpassung und die vollständige Anpassung des Modells veränderten sich die Effekte nur geringfügig.

Für die Frauen zeigten sich signifikante Effekte nur für die Fahrradfahrerinnen, die Ein-Halbjahr-Fahrradfahrerinnen und die Nutzerinnen des *Mix (wenig MIV)*. Im unangepassten Modell hatten die Fahrradfahrerinnen einen 1,366 Punkte (95% Konfidenzintervall: -2,276 bis -0,455)** niedrigeren BMI als die

MIV-Nutzerinnen. Frauen, die ein Halbjahr Fahrrad gefahren sind, hatten einen 1,202 Punkte (-2,331 bis -0,072)** niedrigeren BMI und die Nutzerinnen des *Mix (wenig MIV)* hatten einen 1,772 Punkte (-2,770 bis 0,774)** niedrigeren BMI als die MIV-Nutzerinnen. Auch in den alters- und vollständig angepassten Modellen zeigten sich ähnliche Verhältnisse. Allerdings zeigte sich bei den Ein-Halbjahr-Fahrradfahrerinnen im vollständig angepassten Modell keine Signifikanz mehr.

Tabelle 14: Konfidenzintervalle der Regression des BMI

	Männer		
	Unangepasster Unterschied	Altersangepasster Unterschied	Vollständig angepasster Unterschied
Fahrrad	-2,32 (-2,872 bis -1,758)**	-2,344 (-2,891 bis -1,798)**	-2,234 (-2,792bis -1,676)**
Ein Halbjahr Fahrrad	-1,575 (-2,283 bis -0,868)**	-1,502 (-2,196 bis-0,808)**	-1,470 (-2,166 bis -0,775)**
Mix (wenig MIV)	-1,188 (-1,882 bis -0,493)**	-1,100 (-1,782 bis -0,418)*	-1,079 (-1,766 bis -0,391)*
Mix (viel MIV)	-1,187 (-1,944 bis -0,431)**	-1,285 (-2,026 bis -0,544)**	-1,119 (-1,869 bis -0,369)*
ÖPNV	-1,069 (-1,824 bis -0,314)**	-0,965 (-1,705 bis -0,225)*	-1,092 (-1,836 bis -0,349)*
MIV	0	0	0
AK 1	-	-2,229 (-2,846 bis -1,612)**	-2,276 (-2,927 bis - 1,625)**
AK 2	-	-1,034 (-1,552 bis -0,516)**	-1,108 (-1,646 bis 0,571)**
AK 3	-	-0,408 (-0,903 bis 0,086)	-0,426 (-0,927 bis 0,076)*
AK 4	-	0	0
Sport 1	-	-	1,757 (,897 bis 2,617)**

Sport 2	-	-	1,206 (,440 bis 1,972)*
Sport 3	-	-	0,600 (-0,122 bis 1,323)
Sport 4	-	-	,011 (-0,882 bis ,903)
Sport 5	-	-	0
Sitzend 1	-	-	-0,105 (-0,774 bis ,564)
Sitzend 2	-	-	-0,114 (-0,605 bis ,376)
Sitzend 3	-	-	0
Führend	-	-	-0,244 (-0,665 bis ,176)
Nicht führend	-	-	0
Frauen			
	Unangepasster Unterschied	Altersangepasster Unterschied	Vollständig angepasster Unterschied
Fahrrad	-1,366 (-2,276 bis -0,455)**	-1,320 (-2,225 bis -0,415)**	-1,377 (-2,273 bis -0,482)*
Ein Halbjahr Fahrrad	-1,202 (-2,331 bis -0,072)**	-1,165 (-2,282 bis -0,048)*	-1,076 (-2,173 bis 0,020)
Mix (wenig MIV)	-1,772 (-2,770 bis -0,774)**	-1,678 (-2,668 bis -0,689)**	-1,787 (-2,773 bis -0,801)**
Mix (viel MIV)	-0,754 (-1,943 bis ,435)	-0,773 (-1,948 bis ,403)	-0,710 (-1,876 bis 0,457)
ÖPNV	-0,448 (-1,417 bis 0,520)	-0,361 (0,598 bis 0,545)	-0,534 (-1,479 bis 0,411)

MIV	0	0	0
AK 1		-1,873 (-2,807 bis -0,938)**	-1,950 (-2,899 bis -1,002)**
AK 2	-	-1,355 (-2,219 bis -0,490)**	-1,425 (-2,290 bis -0,559)**
AK 3		-0,553 (-1,409 bis 0,303)	-0,523 (-1,379 bis 0,332)
AK 4		0	0
Sport 1	-	-	3,412 (1,741 bis 5,083)**
Sport 2	-	-	2,277 (,881 bis 3,674)**
Sport 3	-	-	0,858 (-0,464 bis 2,181)
Sport 4	-	-	1,375 (-0,197 bis 2,946)
Sport 5	-	-	0
Sitzend 1	-	-	-0,485 (-1,770 bis ,800)
Sitzend 2	-	-	-0,053 (-0,924 bis ,819)
Sitzend 3	-	-	0
Führend	-	-	-0,501 (-1,281 bis ,280)
Nicht führend	-	-	0

*P≤0,05; **P<0,001

Regressionsmodell des Well-Being

Das Regressionsmodell für die abhängige Variable des Well-Being wurde ebenfalls geschlechterspezifisch durchgeführt, da sich auch hier ein signifikanter Unterschied zwischen Männern und Frauen zeigte (Mann-Whitney-U-Test, P<0,001).

Es zeigte sich eine Korrelation zwischen der Sporthäufigkeit pro Woche und dem Well-Being (Spearman-Rho, r=-0,144, P<0,001). Ein Zusammenhang zeigte sich zwischen den unterschiedlichen Altersklassen (Kruskal-Wallis-Test, P<0,001) sowie zwischen führenden und nicht-führenden Positionen (Mann-Whitney-U-Test, P < 0,001). Diese Variablen wurden daher mit in das Modell aufgenommen.

Für die Männer zeigt sich ein signifikanter Effekt zwischen den Fahrradfahrern und den MIV-Nutzern. Die Fahrradfahrer weisen bezüglich des Well-Being einen um 7,006 (4,009 bis 10,002)** erhöhten Wert auf. Die Signifikanz bestätigt sich auch im alters- und im vollständig angepassten Modell. Die anderen Verkehrsmittel zeigen weder bei den Männern noch bei den Frauen einen signifikanten Wert.

Tabelle 15: Konfidenzintervalle der Regression des Well-Being

	Männer		
	Unangepasster Unterschied	Altersangepasster Unterschied	Vollständig angepasster Unterschied
Fahrrad	7,006 (4,009 bis 10,002)**	6,899 (3,892 bis 9,907)**	6,297 (3,291 bis 9,303)**
Ein Halbjahr Fahrrad	2,727 (-1,076 bis 6,531)	2,734 (-1,071 bis 6,538)	2,589 (-1,212 bis 6,389)
Mix (wenig MIV)	1,395 (-2,408 bis 5,198)	1,707 (-2,115 bis 5,529)	1,355 (-2,425 bis 5,135)
Mix (viel MIV)	1,438 (-2,746 bis 5,622)	1,282 (-2,86 bis 5,424)	0,375 (-3,677 bis 4,427)
ÖPNV	-1,165 (-5,287 bis 2,956)	-1,001 (-5,106 bis 3,104)	-0,092 (-4,149 bis 3,964)
MIV	0	0	0

	Unangepasster Unterschied	Altersangepasster Unterschied	Vollständig angepasster Unterschied
AK 1	-	-2,917 (-6,257 bis 0,423)	-1,977 (-5,532 bis 1,578)
AK 2	-	-3,551 (-6,346 bis -0,757)*	-2,7 (-5,596 bis 0,195)
AK 3	-	-0,738 (-3,412 bis 1,937)	-0,37 (-3,048 bis 2,309)
AK 4	-	-	0
Sport 1	-	-	-9,504 (-13,816 bis -5,193)**
Sport 2	-	-	-8,758 (-12,453 bis -5,062)**
Sport 3	-	-	-8,044 (-11,463 bis -4,626)**
Sport 4	-	-	-3,904 (-7,887 bis 0,08)
Sport 5	-	-	0
Führend	-	-	2,677 (0,424 bis 4,93)*
Nicht führend	-	-	0
Frauen			
	Unangepasster Unterschied	Altersangepasster Unterschied	Vollständig angepasster Unterschied
Fahrrad	2,953 (-0,944 bis 6,849)	3,146 (-0,772 bis 7,063)	3,546 (-0,319 bis 7,411)
Ein Halbjahr Fahrrad	-0,605 (-6,058 bis 4,847)	-0,471 (-5,949 bis 5,008)	-0,737 (-6,089 bis 4,614)
Mix (wenig MIV)	2,368 (-1,758 bis 6,494)	2,378 (-1,77 bis 6,527)	2,732 (-1,45 bis 6,913)

Mix (viel MIV)	2,334 (-2,435 bis 7,103)	2,405 (-2,364 bis 7,174)	2,093 (-2,741 bis 6,927)
ÖPNV	-3,643 (-7,852 bis 0,566)	-3,705 (-7,939 bis 0,528)	-2,923 (-7,159 bis 1,314)
MIV	0	0	0
AK 1	-	-0,68 (-4,742 bis 3,382)	-0,272 (-4,483 bis 3,939)
AK 2	-	-1,152 (-5,002 bis 2,698)	-0,654 (-4,526 bis 3,218)
AK 3	-	-2,5 (-6,432 bis 1,433)	-2,139 (-6,106 bis 1,829)
AK 4	-	0	0
Sport 1	-	-	-9,183 (-16,195 bis -2,17)*
Sport 2	-	-	-10,151 (-15,937 bis -4,365)**
Sport 3	-	-	-4,763 (-10,19 bis 0,665)
Sport 4	-	-	-1,479 (-8,08 bis 5,121)
Sport 5	-	-	0
Führend	-	-	3,546 (-0,319 bis 7,411)
Nicht führend	-	-	-0,737 (-6,089 bis 4,614)

*P≤0,05; **P<0,001

4.2.3 Relatives Risiko

Da sich in vorherigen Tests signifikante Unterschiede vor allem zwischen den Fahrradfahrern und den übrigen Nutzergruppen gezeigt haben, werden im Folgenden die Werte des Relativen Risikos (RR) der Fahrradfahrer im Vergleich zu den anderen Nutzergruppen dargestellt.

RR der Krankheitstage

Krankheit im Sinne einer epidemiologischen Untersuchung ist in diesem Fall definiert als das Vorliegen einer Anzahl von Krankheitstagen über dem Durchschnittswert aller Krankheitstage.

Das RR eines MIV-Nutzers, im Vergleich zu einem Fahrradfahrer überdurchschnittlich häufig krank (> 4,7 Tage pro Jahr) zu sein, liegt bei 1,77 (Konfidenzintervall 1,36 bis 2,30)**. Das bedeutet, dass er mit einer Wahrscheinlichkeit von 99,9 Prozent eine zwischen 1,36 und 2,30-fach erhöhte Chance hat, mehr als 4,7 Tage pro Jahr zu erkranken als ein Fahrradfahrer. Das Risiko der anderen Verkehrsmittelnutzergruppen ist vergleichbar erhöht im Gegensatz zu den Fahrradfahrern. Nur das RR der Fußgänger liegt unterhalb von 1, allerdings ist dieser Wert nicht signifikant.

Tabelle 16: Relatives Risiko überdurchschnittlicher Anzahl an Krankheitstagen

	Fußgänger	MIV	ÖPNV	Mix (wenig MIV)	Mix (viel MIV)	1 HJ Fahrrad	Andere Wechsler
Fahrrad	0,70 (0,316 bis 1,54)	1,77 (1,36 bis 2,30)**	1,87 (1,37 bis 2,56)**	1,81 (1,34 bis 2,45)**	1,70 (1,21 bis 2,38)**	1,82 (1,32 bis 2,50)**	1,7 (1,06 bis 3,72)*
*P≤0,05; **P<0,001							

RR des BMI

Krankheit im Sinne einer epidemiologischen Untersuchung wurde in diesem Fall definiert als das Vorliegen von Übergewicht, bzw. einem BMI über 24,99.

Das RR eines MIV-Nutzers, im Vergleich zu einem Fahrradfahrer übergewichtig (BMI > 24,99) zu sein, liegt bei 2,036 (1,594 bis 2,601)**. Auch das RR der ÖPNV-Nutzer liegt mit 1,523 (1,139 bis 2,038)* über dem der Fahrradfahrer. Die Gruppe der *Mix (viel MIV)*-Nutzer mit einem RR von 1,485

(1,078 bis 2,047)* und der anderen Wechsler mit einem RR von 1,998 (1,283 bis 3,110)* weisen ebenfalls ein erhöhtes Risiko auf, übergewichtig zu sein.

Tabelle 17: Relatives Risiko eines erhöhten BMI (>24,99)

	Fuß-gänger	MIV	ÖPNV	Mix (wenig MIV)	Mix (viel MIV)	1 HJ Fahrrad	Andere Wechs-ler
Fahr-rad	1,252 (0,646 bis 2,427)	2,036 (1,594 bis 2,601)**	1,523 (1,139 bis 2,038)*	1,097 (0,818 bis 1,472)	1,485 (1,078 bis 2,047)*	1,228 (0,903 bis 1,670)	1,998 (1,283 bis 3,110)*
***P≤0,05; **P<0,001**							

RR des Well-Being

Krankheit im Sinne einer epidemiologischen Untersuchung wurde in diesem Fall definiert als die Zughörigkeit zu den Klassen des klassifizierten Well-Being „sehr geringes Wohlbefinden" mit Werten zwischen 0 und 20, „geringes Wohlbefinden" mit Werten zwischen 21 und 40, „mittleres Wohlbefinden" mit Werten zwischen 41 und 60.

Tabelle 18: Relatives Risiko eines sehr geringen bis mittleren Well-Being

	Fuß-gänger	MIV	ÖPNV	Mix (wenig MIV)	Mix (viel MIV)	1 HJ Fahrrad	Andere Wechs-ler
Fahr-rad	2,424 (1,251 bis 4,697)*	1,640 (1,286 bis 2,092)**	2,510 (1,848 bis 3,410)**	1,792 (1,348 bis 2,382)**	1,658 (1,204 bis 2,283)*	1,504 (1,113 bis 2,031)*	1,595 (1,015 bis 2,505)
***P≤0,05; **P<0,001**							

Die Werte des RR zeigen, dass alle Verkehrsmittelnutzergruppen im Vergleich zu den Fahrradfahrern ein deutlich erhöhtes Risiko haben, ein sehr niedriges bis mittleres Wohlbefinden zu haben. Die Werte der MIV-Nutzer im Verhältnis zu einem Fahrradfahrer liegen bei 1,640 (1,286 bis 2,092)*, die eines ÖPNV-Nutzers bei 2,510 (1,848 bis 3,410)**.

5 Diskussion

Die Ergebnisse der Untersuchungen legen nahe, dass die eingangs gestellte Forschungsfrage, ob die Wahl der Verkehrsmittel auf dem Arbeitsweg einen Einfluss auf die Gesundheit Berufstätiger hat, bejaht werden kann. Ein Unterschied bezüglich der Ausprägungen der Krankheitstage, des BMI und des Well-Being lässt sich jedoch nicht zwischen allen Verkehrsmittelnutzergruppen ausmachen. Hervorzuheben sind die Fahrradfahrer, die bei allen Tests als deutlich gesünder als andere Gruppen hervorstechen.

Im Folgenden werden die Ergebnisse mit dem Forschungsstand in Beziehung gesetzt und diskutiert.

5.1 Diskussion der Krankheitstage

Die Entscheidung, Berufstätige mit über 30 Krankheitstagen im Rahmen der Auswertung als Ausreißer zu behandeln und auszuschließen, hat die Ergebnisse beeinflusst[18]. So sank der Mittelwert der Krankheitstage I und II von 8,23 Tagen auf 4,7 Tage. Der Mittelwert der berufstätigen Bevölkerung Deutschlands beträgt 9,5 Tage und ist damit dem unbereinigten Mittelwert dieser Stichprobe recht ähnlich (siehe Kapitel 2.2.2). In der Untersuchung von TAYLOR u. POCOCK zeigte sich ebenfalls ein Durchschnittswert von 9,5 Krankheitstagen unter Berufstätigen (TAYLOR u. POCOCK 1972). In der hier untersuchten Stichprobe hat sich ein deutlicher Unterschied zwischen Männern und Frauen gezeigt. Männer waren im Durschnitt 3,96 Tage, Frauen 5,92 Tage krank. Dies liegt vor allem daran, dass besonders viele Männer 2 oder weniger Tage krank waren und den Durchschnitt damit erheblich senken. Auch die Untersuchung von TAYLOR u. POCOCK zeigte, dass im Büro arbeitende Männer weniger Krankheitstage als Frauen zu verzeichnen hatten (TAYLOR u. POCOCK 1972). Dies kommt womöglich durch die Doppelbelastung vieler Frauen durch Kindererziehung und Berufstätigkeit zustande (MASTEKAASA 2000). Beachtet werden muss allerdings, dass Männer innerhalb der vorliegenden Stichprobe häufiger zu den Fahrradfahrern gehörten als Frauen. Da sowohl männliche als auch weibliche Fahrradfahrer weniger Krankheitstage aufwiesen, findet hier

---

[18] Die Verhältnisse zwischen den unterschiedlichen Verkehrsmittelnutzergruppen wurden durch den Ausschluss der Ausreißer nicht oder nur geringfügig beeinflusst.

eine Verzerrung zu Ungunsten der Frauen statt. Allerdings zeigt sich auch im Vergleich der männlichen und weiblichen Fahrradfahrer, dass Männer weniger Krankheitstage aufzuweisen haben als Frauen.

Bei der Betrachtung der Krankheitstage I und II nach Verkehrsmittelnutzertyp treten signifikante Unterschiede zwischen Fahrradfahrern und allen anderen Nutzergruppen auf (siehe Tabelle 4, Seite 59). Dies ist auch bei der Unterteilung nach Geschlecht der Fall. Männliche Fahrradfahrer sind durchschnittlich 2,99 Tage krank, während MIV-Nutzer 4,6 Tage krank sind. In der Regressionsanalyse der Krankheitstage zeigte sich, dass der Unterschied zwischen männlichen Fahrradfahrern und MIV-Nutzern in der Grundgesamtheit in einem Konfidenzintervall zwischen -2,524 und -0,695 (**) liegt. Im vollständig angepassten Modell, in welches auch die Altersklassen und die berufliche Position (Führungskraft ja oder nein) aufgenommen wurde, liegt die Differenz zwischen -2,704 und -0,878 (**). Fahrradfahrerinnen sind durchschnittlich 4,68 Tage krank, 1,3 Tage weniger als MIV-Nutzerinnen mit 6,06 Tagen. Bei den Frauen liegt der wahre Wert zwischen -2,626 und -0,135 (*) und zwischen -2,561 und -0,043 (*) im vollständig angepassten Modell. Bei der Erstellung des Regressionsmodells wurden im Vorfeld die Zusammenhänge zwischen anderen Variablen und den Krankheitstagen getestet. Es zeigte sich dabei, dass kein signifikanter Zusammenhang zwischen der Sporthäufigkeit pro Woche und der Anzahl der Krankheitstage (I-II, III-IV, I-IV) besteht. Die geringere Zahl der Krankheitstage lässt sich also nicht über eine generell höhere Sportlichkeit von Nutzern *aktiver Verkehrsmittel* erklären. Auch die Sitzhäufigkeit während der Arbeitszeit zeigte keinen Einfluss auf die Krankheitstage. Die Variablen Sporthäufigkeit und Sitzhäufigkeit wurden daher nicht mit ins Regressionsmodell aufgenommen. Einen Einfluss bei den männlichen Teilnehmern zeigten allerdings die Altersklassen und die Führungsposition (ja/nein). Diese wurden daher in das Regressionsmodell aufgenommen.

Auch von den anderen Verkehrsmittelnutzern unterscheiden sich die Fahrradfahrer signifikant. Dabei zeigen sich ähnliche Differenzen wie zwischen MIV-Nutzern und Fahrradfahrern. Auffällig ist die hohe Anzahl an Krankheitstagen bei den Fußgängerinnen. Aufgrund der geringen Stichprobe liegt hier nahe, dass es sich dabei nicht um aussagekräftige Werte handelt. Möglich ist auch, dass das Zufußgehen keine ähnlich positive Wirkung wie das Fahrradfahren auf die Gesundheit hat, weil dieses größtenteils nur sehr kurze Zeitspannen umfasst.

In der Untersuchung von TAYLOR u. POCOCK wurde zur Unterscheidung der Verkehrsmittelnutzertypen nur zwischen privatem und nicht-privatem Transport zur Arbeit unterschieden (TAYLOR u. POCOCK 1972). Dies scheint unter damaligen Gesichtspunkten adäquat, heute allerdings ist das Verkehrsverhalten zu divers, um nur zwei Modi zu unterscheiden. Ein weiterer wichtiger Unterschied zur vorliegenden Untersuchung ist, dass TAYLOR u. POCOCK auch die Anzahl der Arbeitswegphasen erfragt haben. Auf diese Frage wurde in der vorliegenden Untersuchung zu Gunsten der Kürze der Befragung verzichtet. Allerdings hätte dies möglicherweise auch zu einem interessanten Ergebnis führen können. Laut TAYLOR u. POCOCK ist die Anzahl der Phasen einer der wichtigsten Einflussfaktoren für die Anzahl der Krankheitstage (TAYLOR u. POCOCK 1972).

Die Länge des Arbeitswegs mit dem MIV zeigte in der vorliegenden Stichprobe keinen Einfluss auf die Anzahl der Krankheitstage (siehe Kapitel 4.2.1). Es lässt sich zwar eine Signifikanz erkennen, aber der Rangkorrelationskoeffizient ist sehr gering. Andere Untersuchungen widersprechen diesem Ergebnis. VAN OMMEREN u. GUTIÉRREZ-I-PUIGARNAU zeigen, dass die Länge des Arbeitswegs einen deutlichen Einfluss auf die Anzahl der Krankheitstage hat, allerdings unterscheiden diese nicht nach dem Verkehrsmittel. Daher lassen sich diese Ergebnisse nur eingeschränkt miteinander vergleichen. VAN OMMEREN u. GUTIÉRREZ-I-PUIGARNAU weisen nach, dass Berufstätige durchschnittlich einen Tag pro Jahr weniger krank wären, wenn sie einen vernachlässigbar kurzen Arbeitsweg hätten (VAN OMMEREN u. GUTIÉRREZ-I-PUIGARNAU 2011). Auch KARLSTRÖM u. ISACSSON konnten nicht beweisen, dass die Länge des Arbeitswegs mit dem MIV einen Einfluss auf die Anzahl langer Krankheitsepisoden hat (KARLSTRÖM u. ISACSSON 2009).

Die Länge des Arbeitswegs mit dem Fahrrad zeigt einen leichten negativen Einfluss auf die Krankheitstage, I und II, III und IV sowie I bis IV (siehe Kapitel 4.2.1). Je länger die Fahrradfahrer unterwegs sind, desto weniger Krankheitstage haben diese. Dieses Ergebnis entspricht dem von HENDRIKSEN et al., die ebenfalls für Fahrradfahrer einen negativen Zusammenhang zwischen Weglänge und Krankheitstagen nachweisen konnten (HENDRIKSEN et al. 2010). Neu ist in diesem Zusammenhang vor allem, dass auch ein Zusammenhang zwischen den Krankheitstagen III und IV und der Weglänge besteht. Wie lange man täglich radelt, hat Auswirkungen auf die Tage, die Berufstätige krank zur Arbeit erscheinen oder in ihrer Freizeit erkrankt sind. Dies ist interessant, da dem *Präsentismus* in den letzten Jahren eine immer größere Beachtung zukommt. Es hat sich gezeigt, dass es durch ihn zu ebenso großen Produktionsausfällen kommt, wie durch die üblicherweise erfassten Krankheitstage (LOHMANN-HAISLAH 2012: 134). Eine finnische Studie konnte zeigen, dass es bei Personen mit erhöhtem *Präsentismus* in den Folgejahren mit einer erhöhten Wahrscheinlichkeit zu Langzeiterkrankungen kommt (VIRTANEN et al. 2005). Auch eine dänische Untersuchung zeigt die Verbindung von „sickness presence" und Langzeiterkrankungen in Folge (HANSEN u. ANDERSEN 2009).

Während einige Studien nahe legten, dass das Erkrankungsrisiko und damit die Anzahl der Krankheitstage steige, je länger die Fahrt mit dem ÖV dauerte, konnte dies in der vorliegenden Studie nicht gezeigt werden (KOENDERS u. VAN DEURSEN 2008). In Tabelle 12 lassen sich die verschwindend geringen Korrelationskoeffizienten ablesen. Auch KARLSTRÖM u. ISACSSON konnten wie beim MIV auch für den ÖV keinen Zusammenhang zwischen Langzeiterkrankungen und der Fahrtdauer ausmachen (KARLSTRÖM u. ISACSSON 2009).

Wie bereits in Kapitel 2.3.3 erläutert, sehen NOVACO et al. die Anzahl der Krankheitstage auch in Verbindung mit der Anzahl der Straßenwechsel (TAYLOR u. POCOCK 1972; NOVACO et al. 1989). Eine weitere Untersuchung dieser Erkenntnis - auch in Bezug auf die Krankheitstage III und IV - böte sich in einer Folgeuntersuchung an.

Bei der Betrachtung des Relativen Risikos überdurchschnittlich hoher Krankheitstage der unterschiedlichen Verkehrsmittelnutzergruppen zeigte sich, dass alle Gruppen ein höheres Risiko zu erkranken aufwiesen als die Fahrradfahrer (Tabelle 16). Das Fahrradfahren hat somit einen protektiven Einfluss gegen überdurchschnittlich hohe Krankheitstage.

Alle Testergebnisse zeigen, dass die Fahrradfahrer sich bezüglich der Krankheitstage von allen anderen Nutzergruppen unterscheiden. In einer weiteren Studie bietet sich die Betrachtung der Dauer der einzelnen Krankschreibungen an. Eine Untersuchung von DONDERS et al. zeigte Unterschiede bezüglich der Dauer einzelner Krankschreibungen in verschiedenen Altersklassen (DONDERS et al. 2012). Arbeitnehmer könnten in einer Folgeuntersuchung ein Jahr dokumentieren, wann und wie lange sie erkranken.

Die Höhe der Krankheitstage hat entscheidende Auswirkungen auf die wirtschaftliche Leistungsfähigkeit eines Unternehmens. Um die unternehmerischen Auswirkungen zu demonstrieren, dient folgendes Szenario als Beispiel: HOFMANN stellt dar, dass ein Betrieb mit 300 Mitarbeitern und durchschnittlichen Personalkosten von 50.000 Euro sowie einem Krankenstand von 4,5

Prozent Personalkosten für Fehlzeiten in der Höhe von 675.000 Euro pro Jahr aufbringen muss. Bei durchschnittlich 10 Fehltagen pro Jahr und Mitarbeiter ließen sich die Kosten bei der Senkung der Fehlzeiten um 1,4 Prozent um 210.000 Euro jährlich verringern (HOFMANN 2001). Die Verbesserung der Gesundheit von Arbeitnehmern und eine Senkung der Krankheitstage spielt selbstverständlich für die Betroffenen selbst die größte Rolle.

5.2 Diskussion des Body-Mass-Indexes

Der überwiegende Teil der Personen der ausgewerteten Stichprobe sind normalgewichtig. 60 Prozent der Frauen sind normalgewichtig, etwa 20 Prozent haben leichtes Übergewicht. Weniger als 10 Prozent haben Untergewicht oder Adipositas I bis III. Bei den Männern ist die Verteilung ähnlich, wobei auffällt, dass Männer häufiger leichtes Übergewicht und weniger häufig Normalgewicht aufweisen. Bei der Betrachtung des BMIs der Frauen nach Verkehrsmittelnutzertyp (Abbildung 36) zeigt sich, dass Fußgängerinnen, Fahrradfahrerinnen, Ein-Halbjahr-Fahrradfahrerinnen und die Nutzerinnen des *Mix (wenig MIV)* die niedrigsten BMI-Werte zu verzeichnen haben. Der Mann-Whitney-U-Test zeigt zwischen den Gruppen MIV-Nutzerinnen und Fahrradfahrerinnen, MIV-Nutzerinnen und Fußgängerinnen, MIV-Nutzerinnen und Nutzerinnen des *Mix (wenig MIV)*, MIV-Nutzerinnen und Ein-Halbjahr-Fahrradfahrerinnen, sowie ÖPNV-Nutzerinnen und Nutzerinnen des *Mix (wenig MIV)* einen signifikanten Unterschied. Dies bestätigt die Vermutung, dass der BMI bei Frauen niedriger ist, wenn diese den Arbeitsweg mit einem *aktiven Verkehrsmittel* zurücklegen. Auch die Betrachtung der Konfidenzintervalle, die aus der Regressionsanalyse des BMIs der Frauen hervorgehen, bestätigt diese Annahme (Tabelle 14). Verglichen mit den Werten der MIV-Nutzerinnen liegen die BMIs der anderen Verkehrsmittelnutzerinnen deutlich darunter. Im vollständig angepassten Modell, in welches auch die Variablen Sporthäufigkeit, Altersklasse, berufliche Position (Führungskraft ja oder nein) und Sitzhäufigkeit während der Arbeitszeit aufgenommen wurden, zeigt sich für die Fahrradfahrerinnen, dass diese einen um 1,377 (-2,273 bis -0,482)* geringeren BMI haben als die MIV-Nutzerinnen. Die Nutzerinnen des *Mix (wenig MIV)* haben einen um 1,787 (-2,773 bis -0,801)** geringeren BMI.

Bei Betrachtung des BMIs der Männer nach Verkehrsmittelnutzertyp (Abbildung 37) zeigen sich ähnliche Verhältnisse. Auch hier haben die Fahrradfahrer den niedrigsten BMI mit einem Wert von 24,30. Ihnen folgen die Fußgänger

(24,89), die Ein-Halbjahr-Fahrradfahrer (24,94) und die beiden Mix-Nutzer-gruppen (beide 25,33). Den höchsten durchschnittlichen BMI haben die MIV-Nutzer zu verzeichnen. Im Mann-Whitney-U-Test erweist sich der Unterschied zwischen den Fahrradfahrern und allen anderen Nutzergruppen als signifikant oder höchstsignifikant (Tabelle 7). Auch der Unterschied zwischen MIV und allen anderen Nutzergruppen ist signifikant. Die Betrachtung der Konfidenzintervalle des Regressionsmodells des BMIs der Männer bestätigt, dass der BMI aller Verkehrsmittelnutzertypen niedriger ist als der der MIV-Nutzer (Tabelle 14). Auch im vollständig angepassten Modell zeigt sich, dass die Fahrradfahrer einen um 2,234 (-2,792 bis -1,676)** , die Ein-Halbjahr-Fahrradfahrer einen um -1,470 (-2,166 bis -0,775)**, die Nutzer des *Mix (wenig MIV)* einen um -1,079 (-1,766 bis -0,391)*, die Nutzer des *Mix (viel MIV)* einen um 1,119 (-1,869 bis -0,369)*, die ÖPNV-Nutzer einen um -1,092 (-1,836 bis -0,349)* niedrigeren BMI als die MIV-Nutzer haben.

Die Ergebnisse sind vergleichbar mit denen von FLINT et al., die zeigen konnten, dass sowohl die männlichen ÖPNV-Nutzer mit einem Unterschied von 1.10 (−1.67 bis −0.53)** als auch die Nutzer *aktiver Verkehrsmittel* mit einer Differenz von −0.97 (−1.55 bis −0.40)* deutlich verringerte BMI-Werte im Vergleich zum privaten Transport zu verzeichnen hatten. Bei Frauen waren die Unterschiede mit −0.72 (−1.37 bis −0.06)* beim ÖPNV und −0.87 (−1.37 bis −0.36)* beim aktiven Transport etwas geringer. FLINT et al. ergänzten die Untersuchung durch die Auswertung der Verteilung des Körperfetts[19] (FLINT et al. 2014). FLINT et al. nahmen einige weitere Variablen in ihr Modell auf. So ergänzten sie das Modell durch die gemittelte Sporthäufigkeit, das Level physischer Aktivität bei der Arbeit und Wohnen im ländlichen oder städtischen Raum. Zudem erfragten sie auch die Häufigkeit, mit der Gemüse zum Speiseplan der Befragten gehörte oder ob eine chronische Erkrankung das Leben beeinträchtigte. Lediglich die letzte der hier genannten Variablen hatte einen signifikanten Einfluss auf den BMI beider Geschlechter. Für Frauen zeigte sich zudem auch die Sporthäufigkeit als signifikanter Einflussfaktor (FLINT et al. 2014). Interessanterweise zeigte sich in der vorliegenden Arbeit ein deutlicherer Einfluss der Sporthäufigkeit auf den BMI der Frauen als auf den der Männer. Männer, die kein Mal pro Woche Sport trieben, hatten einen um 1,757 (0,897 bis 2,617)** erhöhten BMI im Gegensatz zu den Männern, die über 5

---

[19] Dieser Ergänzung ist sinnvoll, da der BMI seit einiger Zeit im Verdacht steht, nicht aussagekräftig genug zu sein. Körperfettmessungen oder die Messung des Taillenumfangs bieten bessere, allerdings zeit- und kostenintensivere Möglichkeiten (DANIELS 2009).

Mal pro Woche Sport trieben. Frauen hatten sogar einen um 3,412 (1,741 bis 5,083)** erhöhten BMI.

Die vorliegende Arbeit profitiert von ihrer stärkeren Differenzierung des *Modal Split* im Gegensatz zur Veröffentlichung von FLINT et al., da eine Unterteilung in 3 Modi zwar übersichtlicher ist, aber weniger in der Lage ist, das tatsächliche Verkehrsverhalten abzubilden (FLINT et al. 2014).

Interessant ist, dass auch WEN u. RISSEL deutlichere Zusammenhänge zwischen dem BMI und der Verkehrsmittelwahl für die Gruppe der Männer finden konnten als für die Gruppe der Frauen. Die Forscher konnten zeigen, dass Fahrradfahrer und Nutzer des ÖV mit einer Odds Ratio von 0,49 bzw. 0,65 weniger wahrscheinlich übergewichtig waren, als dies in der Vergleichsgruppe der MIV-Nutzer der Fall war. Auch in der vorliegenden Studie zeigten sich bei mehreren Tests nur für die Männer signifikante Ergebnisse. Wie bei WEN u. RISSEL wird auch hier nicht vermutet, dass Frauen nicht so stark von *aktiven Verkehrsmitteln* profitieren wie Männer, sondern dass andere Faktoren dieses Ergebnis hervorrufen (WEN u. RISSEL 2008). Eine weitere Erforschung scheint hier notwendig.

Die Länge und Dauer des täglichen Arbeitswegs hatte hingegen keinen weiteren Einfluss auf den BMI. Es ließ sich weder ein negativer Zusammenhang bei den Fahrradfahrern, noch ein positiver Zusammenhang bei den MIV- und ÖPNV-Nutzern feststellen (Tabellen 10, 11 und 12).

Das Relative Risiko, übergewichtig zu sein – dabei wurden Personen mit einem BMI über 24,99 als übergewichtig eingestuft – ist bei den weniger aktiven Verkehrsmitteln MIV, ÖPNV und *Mix (viel MIV)* eineinhalb Mal bis zweimal so hoch wie bei den Fahrradfahrern. MIV-Nutzer haben ein RR von 2,036 (1,594 bis 2,601)**, ÖPNV-Nutzer ein RR von 1,523 (1,139 bis 2,038)* und die Nutzer des *Mix (wenig MIV)* ein RR von 1,485 (1,078 bis 2,047)* zu verzeichnen. Diese Ergebnisse zeigen, dass das Fahrradfahren eine protektive Wirkung auf den Faktor Übergewicht hat. WEN et al. nutzen nicht die Werte des Relativen Risikos, sondern die des Chancenverhältnisses[20], welches die Chance, unter Exposition zu erkranken, bezeichnet (WEN et al. 2006; KREIENBROCK et al. 2012). Sie konnten zeigen, dass Fahrradfahrer mit einem Chancenverhältnis von 0,49 und ÖPNV-Nutzer von 0,65 im Vergleich zu MIV-Nutzern weniger wahrscheinlich übergewichtig waren (WEN et al. 2006).

---

[20] engl. Odds Ratio (KREIENBROCK et al. 2012)

In Zusammenhang mit dem Übergewicht von Berufstätigen hat sich bereits gezeigt, dass diese umso gefährdeter sind, je ländlicher sie leben, da dies häufig mit einem längeren Arbeitsweg assoziiert ist (FRANK et al. 2004; LOPEZ 2004). FRANK et al. konnten dabei nachweisen, dass jede Stunde pro Tag im Auto das Risiko für Übergewicht um 6 Prozent erhöht und jeder täglich gelaufene Kilometer das Risiko um 4,8 Prozent senkt.

Diese Ergebnisse sind angesichts der Zunahme von Übergewicht in der Bevölkerung von großer Bedeutung. Die Unterstützung des aktiven Transports und die Förderung des ÖPNV können eine Reduktion von Übergewicht fördern und somit zu einer Verbesserung der Gesundheit beitragen. Neben der persönlichen Bedeutung, die starkes Übergewicht für die betroffenen Personen haben kann, kann ein stark erhöhter BMI auch für ein Unternehmen negative Folgen haben. In einer amerikanischen Querschnittsstudie wurde der Einfluss starken Übergewichts auf die Unternehmenskosten untersucht. Dabei zeigte sich, dass insbesondere deutliches Übergewicht in Form von Adipositas Grad III erhebliche ökonomische Kosten aufgrund von Krankheitstagen sowohl im Bereich echter Fehlzeiten als auch im Bereich des *Präsentismus* verursachte (FINKELSTEIN et al. 2010).

5.3   Diskussion des Well-Being

In dieser Studie wurde das allgemeine Wohlbefinden mit der Nutzung verschiedener Verkehrsmittel in Verbindung gebracht. Die meisten bisher veröffentlichten Studien haben sich mit der Zufriedenheit mit dem jeweiligen Verkehrsmittel oder dem Arbeitsweg befasst, wenngleich sich gezeigt hat, dass die Zufriedenheit mit dem Arbeitsweg Auswirkungen auf die allgemeine Zufriedenheit hat (OLSSON et al. 2013). Zur Erfassung des Wohlbefindens wurde der Well-Being-Score der WHO verwendet. Dieser hat sich in einer vergleichenden Studie als das beste Screening in der Früherkennung von Depressionen gezeigt. Der Test profitiert von seinen eindeutigen Statements, zu denen die Befragten Stellung beziehen (PRIMACK 2003).

Die Senkung der Krankheitstage zeigt – vor allem in Bezug auf die ökonomischen Kosten eines Unternehmens – Relevanz. Bezogen auf das Wohlbefinden sind die Effekte schwieriger messbar. Eine der wenigen Studien zu dieser Thematik konnte zeigen, dass ein erhöhtes Wohlbefinden zu einer erhöhten Produktivität in Unternehmen führt. Glücklichere Mitarbeiter waren durchschnittlich 12 Prozent produktiver als weniger glückliche Mitarbeiter. Die Forscher konnten die Gründe zwar noch nicht explizit klären, merken aber an, dass ihre

Ergebnisse einen Meilenstein im bisher selten erforschten Gebiet des Zusammenhangs zwischen Wohlbefinden und Produktivität darstellen. Es hat sich gezeigt, dass glückliche Mitarbeiter kooperativer, freundlicher und hilfsbereiter waren als ihre weniger glücklichen Kollegen (OSWALD et al. 2014).

In der vorliegenden Untersuchung hat sich gezeigt, dass Männer generell ein etwas höheres Wohlbefinden haben bzw. angeben als Frauen. Der Mittelwert der Männer liegt bei 57,94 während der der Frauen bei 54,25 liegt (Kapitel 4.1.4, S. 74). Diese Erkenntnis bekräftigt die Ergebnisse von HUMPHREYS et al., die daher ebenfalls eine geschlechterspezifische Regressionsanalyse zur Untersuchung des Wohlbefindens durchgeführt haben (HUMPHREYS et al. 2013).

Zwischen den Verkehrsmittelnutzergruppen zeigt sich ein deutlicher Unterschied zwischen den Fahrradfahrern und den anderen Nutzern. Die Fahrradfahrer liegen beim Well-Being 4-5 Punkte höher als die übrigen Gruppen. Dies bestätigt sich auch bei einer geschlechtsspezifischen Betrachtung, wobei die männlichen Fahrradfahrer die anderen Verkehrsmittelnutzer deutlicher abhängen als dies bei den Frauen der Fall ist. Auffällig ist auch, dass die ÖPNV-Nutzer und die Fußgänger die niedrigsten Durchschnittswerte haben. Auch diese Verteilung bestätigt sich in der geschlechtsspezifischen Betrachtung.

Der Kruskal-und-Wallis-Test bestätigt die Vermutung, dass die unterschiedlichen Verkehrsmittelnutzergruppen nicht derselben Grundgesamtheit entstammen (Kapitel 4.2.1, S. 80). Im Mann-Whitney-U-Test wird deutlich, dass die Unterschiede zwischen Fahrradfahrern und den anderen Verkehrsmittelnutzern signifikant sind. Auch die ÖPNV-Nutzer unterscheiden sich signifikant von den anderen Nutzern. Der Mann-Whitney-U-Test bezüglich des Well-Being nach Geschlecht offenbart allerdings, dass die Signifikanz vor allem von der Gruppe der Frauen stammte. So unterscheiden sich die ÖPNV-Nutzerinnen signifikant von anderen Nutzern; bei den Männern lässt sich jedoch keine Signifikanz erkennen.

Bei den Fahrradfahrern zeigt die Streckenlänge einen signifikanten positiven Zusammenhang mit dem Well-Being (Tabelle 10). Für die Fahrzeit lässt sich dieser Zusammenhang erstaunlicherweise nicht beweisen. HUMPHREY et al. konnten bereits zeigen, dass ein Zusammenhang zwischen Wohlbefinden und der Dauer des täglichen Arbeitswegs mit einem *aktiven Verkehrsmittel* besteht. Mit einem linearen Regressionsmodell konnten sie zeigen, dass Personen mit einer Fahrtdauer von mindestens 45 Minuten täglich über das höchste Wohlbefinden berichteten (HUMPHREY et al. 2013).

Es lässt sich kein Zusammenhang zwischen Fahrzeit oder Fahrstrecke der MIV- oder ÖPNV-Nutzer nachweisen. STUTZER u. FREY konnten zeigen, dass die Dauer des täglichen Arbeitswegs einen negativen Einfluss auf das Wohlbefinden Beschäftigter hat. Allerdings unterschieden sie nicht nach dem Verkehrsmittel, mit welchem der Arbeitsweg bewältigt wurde (STUTZER u. FREY 2008). Die Unterscheidung der verschiedenen Verkehrsmittel scheint aber vor dem Hintergrund der bisherigen Ergebnisse überaus sinnvoll, und es sollte nicht darauf verzichtet werden. Möglicherweise zeigte sich der Zusammenhang in der Untersuchung von STUTZER u. FREY, weil die kürzeren Fahrten mit einem Fahrrad gefahren wurden und die langen mit dem MIV oder ÖPNV zurückgelegt wurden (STUTZER u. FREY 2008).

Der Konfidenzintervall des Regressionsmodells des Well-Being bestätigt, dass die männlichen Fahrradfahrer 7,006 (4,009 bis 10,002)** Punkte über den MIV-Nutzern liegen. Im vollständig angepassten Modell sind es 6,297 (3,291 bis 9,303)** Punkte. Bei den Fahrradfahrerinnen zeigten sich im Bezug auf die Nutzerinnen des MIV keine signifikanten Unterschiede in der Regression. In die Modelle wurden die Variablen Altersklasse, Sporthäufigkeit und Führungskraft (ja oder nein) aufgenommen. Sowohl bei Frauen, als auch bei Männern zeigten sich sehr deutliche signifikante Einflüsse durch die Sporthäufigkeit. Bei Männern wirkte sich eine Führungsposition positiv auf das Wohlbefinden aus. Für Frauen zeigte sich dieser Zusammenhang nicht.

Auch die Betrachtung der Werte des Relativen Risikos zeigen, dass alle Verkehrsmittelnutzergruppen im Gegensatz zu den Fahrradfahrern ein erhöhtes RR haben, ein sehr niedriges bis mittleres Well-Being aufzuweisen.

In einer Querschnittsuntersuchung mit 3377 Pendlern konnten ST-LOUIS et al. ebenfalls zeigen, dass sich das Wohlbefinden verschiedener Verkehrsmittelnutzer voneinander unterscheidet. Sie verwendeten dabei andere Verkehrsmittelnutzergruppen als die hier vorliegende Studie. So unterteilten sie den ÖPNV in Bus-, Metro- und Zugnutzer. Sie fanden heraus, dass Fußgänger, Fahrradfahrer und Zugfahrer signifikant zufriedener waren als die übrigen Gruppen. Einen besonderen Einfluss auf den Grad der Zufriedenheit hatte die positive oder negative Einstellung zum gewählten Verkehrsmittel (ST-LOUIS et al. 2014).

5.4 Methodenkritik

Die Methodenkritik dient der kritischen Reflexion der eigenen Forschung. Die hier dargestellten Überlegungen entstanden während und im Anschluss an das empirische Forschungsprojekt und dienen der eigenen Weiterentwicklung ebenso wie der Weitergabe der Erkenntnisse.

5.4.1 Methodenwahl

In der vorliegenden Studie wurde nur eine einzige Methode, die der standardisierten Befragung, angewendet. Andere Untersuchungen wie beispielsweise die von STADLER et al. setzen auf eine Methodenvielfalt. Die Probanden wurden durch vier verschiedene Fragebögen zu allgemeinen Auskünften, gesundheitlichen Daten, der subjektiven Arbeitssituation und der Beanspruchung durch den Verkehr, ein „Tagebuch", einen Aufmerksamkeits-Belastungs-Test und durch eine Blutdruckmessung untersucht (STADLER et al. 2000). Durch die Triangulation der Ergebnisse erhöht sich deren Aussagekraft. Im zeitlichen Rahmen einer Abschlussarbeit ist eine solche Methodenvielfalt häufig nicht möglich. Bei einer Folgeuntersuchung bietet sich eine größere Methodenvielfalt allerdings an. Die standardisierte Befragung hat allerdings einen sehr großen Vorteil. Aufgrund der Kürze des Fragebogens und der Durchführung einer Online-Befragung konnte eine besonders große Stichprobe generiert werden. Online-Befragungen haben aber auch den Nachteil, dass sich häufig keine repräsentativen Studien erstellen lassen. Auch wenn die Verfügbarkeit von Computern und Internet in der Bevölkerung in den vergangenen Jahrzehnten stark gestiegen ist, haben jüngere, besser ausgebildete Bevölkerungsschichten häufiger als ältere oder weniger gebildete Schichten Zugang dazu. Dies kann zu einer Verzerrung der Ergebnisse führen (BLASIUS u. BRANDT 2009: 158). Heute ist allerdings von einem breiten Zugang zum Internet auszugehen. Im ersten Quartal 2014 nutzten 82 Prozent der Deutschen das Internet (DESTATIS 2014b). Daher dürfte die durch den Onlinefaktor induzierte Verzerrung im Laufe der letzten Jahre gesunken sein.

Ein Nachteil von Querschnittsstudien ist, dass sie sich nur begrenzt für die Ursachenforschung von Krankheiten eignen. Die Exposition tritt in einem zeitlichen Abstand zur Krankheit auf und ist daher nicht immer kausal in Verbindung zu bringen. Bei „Dauergewohnheiten als Risikofaktoren", wie dem Nutzen eines bestimmten Verkehrsmittels, ist die Erhebung einer Querschnittsstudie jedoch als sinnvoller zu bewerten als bei kurzen oder seltenen Krankheiten (KREIENBROCK u. SCHACH 2005: 78). Ein weiterer Aspekt, der nicht unbeachtet bleiben sollte, ist die Möglichkeit, beim Auftreten einer Krankheit den Expositionsstatus, sprich das Verkehrsmittel, zu ändern. Dies kann sowohl zur Folge haben, dass erkrankte Menschen beschließen, *aktive Verkehrsmittel* kurz- oder langfristig zu meiden oder umgekehrt genau auf diese Verkehrsmittel zu setzen, um anschließend gesünder zu werden. (KREI-ENBROCK u. SCHACH 2005: 78). In einer Folgestudie bietet es sich an, das Verkehrsverhalten noch genauer zu erfassen. Z.B. ließe sich erfassen, seit welchem Zeitraum welches Verkehrsmittel genutzt wird und ob bzw. warum ein Wechsel stattgefunden hat. Interessant wäre auch eine langfristig angelegte Längsschnittstudie mit Teilnehmern, die zu einem Wechsel des Verkehrsmittels bereit wären. STADLER et al. führten eine derartige Studie bereits mit einer sehr geringen Probandenzahl durch (STADLER et al. 2000). Aufgrund der geringen Stichprobe und der kurzen Dauer dieses Experiments würde sich eine Erweiterung anbieten.

5.4.2 Der Fragebogen

Zugunsten einer zügigen Durchführbarkeit der Online-Befragung wurde auf einige Fragen verzichtet. Vor allem im Bereich der demographischen Daten fiel dies im Nachhinein auf.

Die Abfrage der räumlichen Verteilung der Teilnehmer (durch die Angabe des Wohnortes oder der Postleitzahl) hätte zu interessanten kartographischen Auswertungsmöglichkeiten geführt. Es hätte sich beispielsweise darstellen lassen, ob die Personen aus *Metropolregion*en, kleineren Städten oder ländlicheren Gebieten kommen.

Einige erfasste Variablen fanden aufgrund der Fülle der Auswertungsmöglichkeiten und der zeitlichen Begrenzungen keine Anwendung. So fand keine Auswertung der Dienstreisen statt, und auch die Verkehrsunfälle wurden komplett von der Untersuchung ausgeschlossen. Der Datensatz lässt sich jedoch auch in späteren Untersuchungen noch verwenden.

5.4.3 Die Stichprobe

Die Größe der Stichprobe stellt einen entscheidenden Vorteil der Untersuchung dar, da sie die Aussagekraft der Ergebnisse erhöht. Nicht nur der relative Anteil einer Stichprobe an der Grundgesamtheit, sondern ihre absolute Zahl ist von großer Bedeutung (BAHRENBERG 2010: 18).

Die Teilnehmer der Stichprobe setzten sich zu einem großen Teil aus Führungskräften zusammen. Dies zeigt, dass die Untersuchung nicht repräsentativ für die Berufstätigen der BRD ist. Führungskräfte sind allerdings eine strategisch sehr wichtige Gruppe innerhalb eines Unternehmens, da sie einen besonderen Einfluss auf die Gesundheit aller Mitarbeiter haben. HOLZTRÄGER bezeichnet sie sowohl als "strategische Zielgruppe" als auch als "zentrale Akteure", wodurch ihnen eine wichtige Doppelrolle zufalle (HOLZTRÄGER 2012: 4). Gesunde Führungskräfte sind zum einen selbst leistungsfähiger und können ihren Aufgaben besser nachkommen, zum anderen können sich Mitarbeiter an ihrem vorbildlichen Gesundheitsverhalten orientieren (KROMM et al. 2009: 27-28). Es ist daher besonders wichtig, diese Gruppe in ihrem Gesundheitsverhalten zu unterstützen. Der vordergründige Nachteil der Studie lässt sich also insofern vorteilhaft nutzen, dass sich Aussagen und Handlungsempfehlungen zu einer wichtigen Gruppe treffen lassen.

Es zeigt sich in der deskriptiven Analyse der demographischen Daten, dass die Befragten einige Unterschiede zur Grundgesamtheit zeigen. So nahmen beispielsweise mehr Männer als Frauen an der Befragung teil. Es sind verhältnismäßig wenige Eltern unter den Befragten, sie befinden sich zum Großteil in langen stabilen Arbeitsverhältnissen, was sich an der Zahl der Jahre, die diese für ihre jeweilige Organisation tätig sind, ablesen lässt. Die Personen, die befragt wurden, entstammen offenbar einer gut situierten Mittel- und Oberschicht, es geht ihnen also vermutlich generell deutlich besser als Personen, die bei ihrer Arbeit vielleicht gesundheitsschädlichen Einflüssen ausgesetzt sind.

5.4.4 Auswertung

Die Einteilung der Verkehrsmittelnutzergruppen aufgrund des angegeben Nutzungsverhaltens hat sich als besonders komplex heraus gestellt. Aus dem angegeben Verhalten wurden 8 verschiedene ganzjährige Nutzungsgruppen gebildet: Fahrradfahrer, Fußgänger, MIV-Nutzer, ÖPNV-Nutzer, *Mix (viel MIV)* und *Mix (wenig MIV)*, Ein-Halbjahr-Fahrradfahrer und Andere Wechsler. Andere Studien haben dies anders gelöst. ST-LOUIS et al. erstellten beispielsweise 6 Nutzergruppen (Fußgänger, Fahrradfahrer, Autofahrer, Busnutzer, Metronutzer, Zugnutzer) (ST-LOUIS et al. 2014). In der vorliegenden Untersuchung sollte auch multimodales Nutzungsverhalten dargestellt und analysiert werden können. Daher wurden die Verkehrsmittelnutzergruppen *Mix (viel MIV)* und *Mix (wenig MIV)* gebildet.

Die Komplexität des Arbeitswegs zu erfassen, stellte sich ebenfalls als schwierig heraus. *Intermodales* Verkehrsverhalten konnte im Fragebogen bezogen auf die Streckenlänge und –dauer der einzelnen Verkehrsmittel nicht angegeben werden. Personen, die zunächst zu Fuß gehen oder mit dem Fahrrad fahren, um anschließend den ÖPNV zu nutzen, konnten daher nicht die Teilstrecken der einzelnen Wege angeben. Bei der Auswertung ließ sich daher nicht erkennen, wie lang die Wege mit einem *aktiven Verkehrsmittel* jeweils waren. Ein Verkehrstagebuch wäre eventuell die richtige Methode, um dies differenzierter darstellen zu können.

Während der Auswertung zeigte sich, dass die Entscheidung, Ausreißer auszuschließen, von Bedeutung für die Höhe der durchschnittlichen Krankheitstage war. Auch andere Studiendesigns haben Ausreißer ausgeschlossen. HENDRIKSEN et al. schlossen z.B. Teilnehmer mit über 90 Krankheitstagen aus (HENDRIKSEN et al. 2010). Dadurch schließt diese Studie mehr überdurchschnittlich kranke Personen ein. HUMPHREY et al. schlossen Teilnehmer aus, die an Krankheiten litten, welche sie am Fahrradfahren oder Zufußgehen gehindert hätten (HUMPHREY et al. 2013). Ein solches Verfahren setzt eine gezielte Frage innerhalb des Fragebogens nach bewegungsbehindernden Krankheiten voraus. In Anbetracht der verschiedenen Möglichkeiten bleibt es diskussionswürdig, welche Personen aufgrund von einer bestimmten Anzahl an Krankheitstagen oder dem Vorhandensein bestimmter Krankheiten von der Auswertung ausgeschlossen werden sollten.

Keine andere Studie hat die Krankheitstage so stark differenziert. Eine Differenzierung im Bereich der Krankheitstage bietet sich auch für Folgestudien an. Eine Aufzeichnung der Krankheitstage über das Jahr wäre vorteilhaft, da nicht jeder Berufstätige seine Fehlzeiten spontan nennen kann. Dies gilt insbesondere für die Krankheitstage des *Präsentismus* und die Freizeitkrankheitstage (Krankheitstage III und IV).

6 Handlungsempfehlungen

Wie die Diskussion der Ergebnisse vor dem Hintergrund des Forschungsstands gezeigt hat, ist die Anzahl der Krankheitstage zum einen ein *Indikator* für die Gesundheit der Arbeitnehmer, zum anderen steht sie in direktem Zusammenhang mit der Wirtschaftlichkeit eines Unternehmens (vgl. Kapitel 5.1). Auch ein deutlich erhöhter BMI kann, neben den persönlichen Folgen, zu erhöhten ökonomischen Kosten führen (vgl. Kapitel 5.2). Das Wohlbefinden von Arbeitnehmern, hier gemessen anhand des Well-Being, hat ebenfalls Einfluss auf die Produktivität von Arbeitnehmern (vgl. Kapitel 5.3).

Die Ergebnisse der vorliegenden Untersuchung zeigen, dass Arbeitnehmer, die das Fahrrad ganzjährig nutzen, anderen Verkehrsmittelnutzern in allen abgefragten Gesundheitsindikatoren überlegen sind. Sie haben deutlich weniger Krankheitstage, einen niedrigeren BMI und ein höheres Well-Being. Personen, die lediglich im Sommer das Fahrrad nutzen, zeigen bei den Krankheitstagen ähnliche Werte wie die MIV-Nutzer. Auch das Well-Being der Ein-Halbjahr-Fahrradfahrer ist vergleichbar mit dem der MIV-Nutzer. Lediglich beim BMI zeigen sich niedrigere Werte als bei den MIV-Nutzern. Zusammenfassend lässt sich sagen, dass die ganzjährigen Fahrradfahrer massiv von ihrem Einsatz profitieren. Zur Förderung der Gesundheit der Mitarbeiter bietet sich daher eine gezielte Unterstützung des ganzjährigen Fahrradfahrens an. Bei besonders schlechten Wetterverhältnissen, wie beispielsweise Sturm oder glatten Straßen, könnte kurzfristig zu einem *multi-* oder *intermodalen* Verkehrsverhalten gewechselt werden.

Eine Änderung des Mobilitätsverhaltens zu Gunsten *aktiver Verkehrsmittel* kann sowohl durch strukturelle als auch durch individuelle Ansatzpunkte angestoßen werden.

Für die öffentliche Gesundheit liegt ein großer potenzieller Gewinn in einer verstärkten Lenkung des Mobilitätsverhaltens der Bevölkerung in Richtung eines aktiveren Transports.

Im Kampf gegen die unzureichende Bewegung und einer dadurch induzierten Verminderung der allgemeinen Sterblichkeit hat sich eine Kombination aus verschiedenen Strategien als besonders wirkungsvoll erwiesen. Mehrkomponentenprogramme, die auf verschiedenen Ebenen ansetzen, zeigen die besten Ergebnisse (WHO 2014a: 38). Politische, ökologische und gesundheitliche

Leitbilder und Strategien haben den notwendigen Einfluss auf die Gesellschaft, um Umstrukturierungen in Gang setzen zu können. Bei der Entscheidung für ein *aktives Verkehrsmittel* spielen dabei vor allem eine optimale Infrastruktur, wie beispielsweise ausgebaute und gekennzeichnete Fuß- und Radwege, eine gute Beleuchtung oder angenehme Ampelschaltungen eine Rolle. Nachhaltige Mobilitätsstrategien sollten den aktiven und öffentlichen Verkehr verstärkt einbinden, und städtebauliche Strategien sollten einen Fokus legen auf den Ausbau guter Fuß- und Radverkehrsanlagen sowie der entsprechenden Abstelleinrichtungen (WHO 2014a: 41). Für das *Bike & Ride* Verhalten wäre es günstig, wenn eine Mitnahme von Fahrrädern in Bussen und Zügen vermehrt möglich wäre, da Berufstätige die an den ÖV anschließende Wegstrecke mit dem Fahrrad gestalten könnten (KÖHLER 2014: 96). Eine Alternative oder Ergänzung bietet ein gutes Fahrradverleihsystem. Die Einführung eines solchen Systems kann dazu beitragen, den innerstädtischen *Modal Split* zu Gunsten des Fahrrads zu verändern und die Gesundheit der Bevölkerung zu verbessern. Dies konnte eine Londoner Längsschnittstudie zu den Auswirkungen der Implementierung eines solchen Systems zeigen (WOODCOCK et al. 2014).

Ein wichtiger Stellhebel ist die Förderung der Nutzung *aktiver Verkehrsmittel* innerhalb der Unternehmen. Rund 88 Prozent der über 40 Millionen Erwerbstätigen in Deutschland sind in einem abhängigen Arbeitsverhältnis tätig (NÖLLENHEIDT u. BRENSCHEIDT 2013: 9-10). Ein Großteil der Erwerbstätigen lässt sich also mit Änderungen im Unternehmensumfeld direkt erreichen. Bisher sind Betriebe häufig bereit, in den Ausbau der Autoinfrastruktur zu investieren. Betriebliche Investitionen für den Fahrradverkehr sind bisher in Deutschland noch nicht so stark verbreitet (MONHEIM u. LEHNER-LIERZ 2005).

Ein Schwerpunkt des betrieblichen Gesundheitsmanagements sollte das Mobilitätsmanagement zu Gunsten *aktiver Verkehrsmittel* sein. Bereits bei der Personalauswahl kann die zukünftige Mobilität der Angestellten beeinflusst werden. Unternehmen könnten Arbeitnehmer aus dem räumlichen Umfeld präferieren oder zu einem Umzug anstatt zu langem Pendeln raten. Auch Parkraumbeschränkung oder –bewirtschaftung können die Wahl *aktiver Verkehrsmittel* und damit die Gesundheit positiv beeinflussen (BROCKMAN u. FOX 2011). Zudem könnten Gesundheits- und Mobilitätstage durchgeführt werden, um über die Vorteile des aktiven Pendelns zu informieren.

Weitere Beratungsansätze zur Förderung *aktiver Verkehrsmittel* sind z.B. Fahrradtrainings und Beratung zur sichersten Fahrradstrecke, Bezuschussung der Anschaffung von Sicherheitsausstattung, Einführung von Firmenfahrrädern und Beratung zum Fahrrad-Leasing. Um Unfälle auf dem Arbeitsweg zu vermeiden, sollte die Verkehrssicherheit von Fahrrädern und das Tragen von Sicherheitsbekleidung unterstützt werden.

Auch infrastrukturelle Änderungen innerhalb des Unternehmens oder der Unternehmensumgebung können einen Einfluss auf die Verkehrsmittelwahl haben. MONHEIM u. LEHNER-LIERZ identifizieren „attraktive Rad- und Gehwege (…), Gestaltung des Betriebsumfelds mit intensiver Begrünung (…), ausreichend und bedarfsgerecht platzierter Fahrradparkraum, (…) Duschen und Kleiderspinde für die Radfahrer, (…) Prämien für Fußgänger und Radfahrer, (…), Engagement für eine gute Anbindung (…), Jobtickets für die Mitarbeiter" als typische Maßnahmen der Förderung des aktiven oder öffentlichen Verkehrs (MONHEIM u. LEHNER-LIERZ 2005).

Es bietet sich an herauszufinden, wie groß die Gruppe der Arbeitnehmer ist, die ihren Arbeitsweg mit einem *aktiven Verkehrsmittel* bestreiten könnten (dies aber noch nicht tun) und diese darin zu unterstützen.

Unternehmen können von einer Reduktion der Krankheitstage durch das Nutzen *aktiver Verkehrsmittel* finanziell profitieren. Trotz der Einsparungsmöglichkeiten, die sich aus einer geringeren Krankheitstageanzahl aufgrund des Wechsels zu einem *aktiven Verkehrsmittel* ergeben könnten, sollte es laut BENZ beim betrieblichen Gesundheitsmanagement nicht vorwiegend um die Verringerung der Arbeitsunfähigkeitsquote, sondern um inhaltliche Ziele gehen. Insgesamt solle man sich vermehrt an die gesunde Mehrheit der Mitarbeiter wenden und Strategien entwickeln, um deren Gesundheit zu erhalten (BENZ 2009: 181).

Aus ethischen Gesichtspunkten ist es zudem wichtig zu bedenken, dass es durch Gesundheitsempfehlungen auch zu einer gefühlten oder realen Verpflichtung zur Förderung und Bewahrung der eigenen Gesundheit kommen kann.

7 Fazit

Die Schnittstelle Gesundheit und Mobilität betrifft, wie diese Arbeit zeigen konnte, einen Großteil der Bevölkerung der BRD. Das Interesse an den Ergebnissen der Studie zeigt, von welcher Bedeutung die Thematik für viele Menschen ist. Beinah jeder Berufstätige hat einen Arbeitsweg, und auch die eigene Gesundheit ist von großem Interesse. Aber auch gesamtgesellschaftlich spielen die Zusammenhänge zwischen Mobilitätsverhalten und Gesundheit eine Rolle. Die Zunahme der nichtübertragbaren Krankheiten ist einer der Gründe, warum aktive Mobilität – und damit Bewegung – in den Alltag eingebaut werden sollte (WHO 2014a).

Ziel der vorliegenden Untersuchung war es, den Einfluss der Verkehrsmittelwahl auf die Gesundheit Berufstätiger zu untersuchen. Zu diesem Zweck wurde neben einer breiten Darstellung des Forschungsstands eine empirische Untersuchung zur Beantwortung der Forschungsfragen durchgeführt. Dabei wurde im Rahmen einer Querschnittsuntersuchung eine Online-Befragung mit 2.351 Teilnehmern durchgeführt. Die so erfassten Daten wurden mit den Programmen Excel und SPSS deskriptiv und analytisch ausgewertet.

Es hat sich gezeigt, dass die Nutzer *aktiver Verkehrsmittel* bei allen gemessenen Gesundheitsindikatoren bessere Werte zu verzeichnen haben als die Nutzer weniger aktiver Verkehrsmittel. Zur Beantwortung der ersten Forschungsfrage „Welchen Einfluss hat die Wahl der Verkehrsmittel auf dem Arbeitsweg auf die Gesundheit Berufstätiger bezüglich der Parameter Krankheitstage, BMI und Well-Being?" ergeben sich verschiedene Erkenntnisse. Bezüglich der Anzahl der Krankheitstage konnte gezeigt werden, dass signifikante Unterschiede zwischen den Fahrradfahrern und den anderen Verkehrsmittelnutzergruppen bestehen. Der Unterschied ließ sich sowohl für Männer als auch für Frauen nachweisen. Auffällig ist dabei, dass Personen, die nur ein Halbjahr mit dem Fahrrad fahren, deutlich mehr Tage krank sind, als die ganzjährigen Fahrradfahrer. Bezüglich des BMI zeigen sich signifikante Unterschiede zwischen mehreren Verkehrsmittelnutzergruppen. Es zeigt sich, dass Fahrradfahrer, Ein-Halbjahr-Fahrradfahrer und Nutzer eines multimodalen Transports mit einem geringen Anteil MIV die niedrigsten BMI-Werte aufzuweisen haben. Bei der Untersuchung des Well-Being unterschieden sich nur die Fahrradfahrer signifikant von den anderen Verkehrsmittelnutzergruppen.

Zusammenfassend kann man sagen, dass die Wahl eines *aktiven Verkehrsmittels* einen positiven Einfluss auf die abgefragten Gesundheitsindikatoren hat. Die Nutzer des ÖPNV schneiden zumeist ähnlich ab wie die Nutzer des MIV, zum Teil sogar schlechter.

Zur Beantwortung der zweiten Forschungsfrage „Besteht ein Zusammenhang zwischen der Länge und Dauer des Arbeitswegs und der Gesundheit Berufstätiger?" wurden mithilfe analytischer Statistik Fahrradfahrer, MIV-Nutzer und ÖPNV-Nutzer getrennt untersucht, da unterschiedliche Zusammenhänge vermutet wurden. Für die Fahrradfahrer konnte gezeigt werden, dass sich ein längerer Arbeitsweg positiv auf die Gesundheit auswirkt. Je länger der Arbeitsweg von Fahrradfahrern ist, desto weniger Krankheitstage haben diese zu verzeichnen, desto niedriger liegt ihr BMI und desto höher ist das Well-Being. Die gemessenen Zusammenhänge sind signifikant, jedoch sehr schwach.

Bei den ÖPNV-Nutzern und den MIV-Nutzern konnte entgegen der Vermutung, dass die Länge des Arbeitswegs sich negativ auf die Gesundheit auswirkt, kein Zusammenhang gefunden werden.

Es lässt sich nicht zweifelsfrei zeigen, ob die Nutzer *aktiver Verkehrsmittel* gesünder sind, weil sie diese nutzen oder ob sie diese nutzen, weil sie aufgrund einer besseren Gesundheit eher dazu in der Lage sind. Weitere Forschung, beispielsweise im Rahmen einer Längsschnittstudie, ist zur Klärung dieser Frage notwendig.

Aufgrund der Ergebnisse dieser Arbeit und der Erkenntnisse der bisherigen Forschung kann man auch heute schon davon ausgehen, dass die Gesundheit durch die Wahl der Verkehrsmittel beeinflusst wird. Eine integrative Kombination aus Gesundheits- und Mobilitätsmanagement wird maßgeblich zur Verbesserung einer Vielzahl von Faktoren beitragen können. Die vorliegende Arbeit konnte zeigen, dass sich sowohl für Arbeitnehmer als auch für Unternehmen eine Auseinandersetzung mit dieser Thematik auszahlt. Eine Verbesserung der Gesundheit wird positive Auswirkungen auf der persönlichen, der unternehmerischen und nicht zuletzt auch auf der gesamtgesellschaftlichen Ebene zeigen.

8 Literaturverzeichnis

ABELER, JOHANNES U. BERNHARD BADURA (2013): Verdammt zum Erfolg - die süchtige Arbeitsgesellschaft? Fehlzeiten-Report 2013. (Springer) Berlin [u.a.].

ACTIVE LIVING RESEARCH (2012): James F. Sallis. Abrufbar unter: http://activeliving research.org/about/programstaff/sallis (Letzter Aufruf: 27.04.2015).

AGUDELO, LEANDRO Z., FEMENÍA, TERESA, ORHAN, FUNDA U. MARGARETA PORSMYR-PAL-MERTZ, et al. (2014): Skeletal muscle PGC-1α1 modulates kynurenine metabolism and mediates resilience to stress-induced depression. In: Cell 159, H. 1. S. 33–45.

ANDERSEN, LARS BO, SCHNOHR, PETER, SCHROLL, MARIANNE U. HANS OLE HEIN (2000): All-cause mortality associated with physical activity during leisure time, work, sports, and cycling to work. In: Arch Intern Med 11, H. 160. S. 1621–1628.

ANTONOVSKY, AARON (1979): Health, stress, and coping. (Jossey-Bass Publishers) San Francisco, USA.

BAHRENBERG, GERHARD (2010): Univariate und bivariate Statistik. Studienbücher der Geographie Bd. 1. (Borntraeger) Stuttgart.

BALTES-GÖTZ, BERNHARD (2015): Generalisierte lineare Modelle und GEE-Modell in SPSS Statistics. Trier. Abrufbar unter: http://www.uni-trier.de/fileadmin/urt/doku/gzlm_gee/gzlm_gee.pdf (Letzter Aufruf: 02.03.2015).

BÄUERLEN, JANA (2013): Gesundheit und Arbeitswelt. Wissenschaftliche Beiträge aus dem Tectum-Verlag : Reihe Pädagogik 35. (Tectum-Verl) Marburg.

BEIRÃO, GABRIELA U. J. A. SARSFIELD CABRAL (2007): Understanding attitudes towards public transport and private car: A qualitative study. In: Transport Policy 14, H. 6. S. 478–489.

BENZ, DOROTHEA (2009): Integriertes Gesundheitsmanagement – Ein Leitfaden. In: KROMM, W. u. Gunter FRANK (Hrsg.): Unternehmensressource Gesundheit. Weshalb die Folgen schlechter Führung kein Arzt heilen kann. (Symposion) Düsseldorf. S. 181–213.

BLAIKIE, NORMAN W. (2010[2. Aufl.]): Designing social research. The logic of anticipation. (Polity Press) Cambridge, UK, Malden, MA.

BLASIUS, JÖRG U. MAURICE BRANDT (2009): Repräsentativität in Online-Befragungen. In: WEICHBOLD, M. (Hrsg.): Umfrageforschung. Herausforderungen und Grenzen. (VS, Verl. für Sozialwiss.) Wiesbaden. S. 157–179.

BMG - BUNDESMINISTERIUM FÜR GESUNDHEIT (2006): Gesundheitsbericht Deutschland 2006. Berlin. Abrufbar unter: https://www.gbe-bund.de/pdf/GESBER2006.pdf (Letzter Aufruf: 30.03.2015).

BMVBS - BUNDESMINISTERIUM FÜR VERKEHR, BAU UND STADTENTWICKLUNG (2008): Mobilität in Deutschland 2008. Ergebnisbericht. Berlin. Abrufbar unter: http://www.mobilitaet-in-deutschland.de/pdf/MiD2008_Abschlussbericht_I.pdf (Letzter Aufruf: 30.03.2015).

BMVI - BUNDESMINISTERIUM FÜR VERKEHR UND DIGITALE INFRASTRUKTUR (2014): Verkehr in Zahlen 2014/2015. Hamburg. Abrufbar unter: http://www.bmvi.de/SharedDocs/DE/Artikel/K/verkehr-in-zahlen.html (Letzter Aufruf: 10.04.2015).

BMVI - BUNDESMINISTERIUM FÜR VERKEHR UND DIGITALE INFRASTRUKTUR U. DIFU - DEUTSCHES INSTITUT FÜR URBANISTIK GGMBH : Radverkehr in Deutschland. Zahlen_Fakten_Daten. Berlin. Abrufbar unter: http://www.bmvi.de/SharedDocs/DE/Anlage/VerkehrUndMobilitaet/Fahrrad/radverkehr-in-zahlen.html (Letzter Aufruf: 11.05.2015).

BROCKMAN, R. U. K. R. FOX (2011): Physical activity by stealth? The potentil health benefits of a workplace transport plan. In: Public Health 125, H. 4. S. 210–217.

BROSIUS, FELIX (1998): SPSS 8.0. Professionelle Statistik unter Windows. (MITP) Bonn.

BÜHL, ACHIM (2012[13. Aufl.]): SPSS 20. Einführung in die moderne Datenanalyse. (Pearson) München [u.a.].

BUNDESMINISTERIUMS DER JUSTIZ UND FÜR VERBRAUCHERSCHUTZ (1994): Gesetz über die Zahlung des Arbeitsentgelts an Feiertagen und im Krankheitsfall (Entgeltfortzahlungsgesetz). Abrufbar unter: http://www.gesetze-im-internet.de/bundesrecht/entgfg/gesamt.pdf (Letzter Aufruf: 24.02.2015).

BURTON, W. N. (1998): The economic costs associated with body mass index in a workplace. In: Journal of occupational and environmental medicine 40, H. 9. S. 786–792.

CARLISLE, A. J. (2001): Exercise and outdoor ambient air pollution. In: British Journal of Sports Medicine 35, H. 4. S. 214–222.

COONEY, GARY M., DWAN, KERRY, GREIG, CAROLYN A. U. DEBBIE A. LAWLOR, et al. (2013): Exercise for depression. In: The Cochrane database of systematic reviews 9,

COSTAL, GIOVANNI, PICKUP, LAURIE U. VITTORIO DI MARTINO (1988): Commuting — a further stress factor for working people: evidence from the European Community. In: International Archives of Occupational and Environmental Health 60, H. 5. S. 377–385.

DANIELS, STEPHEN R. (2009): The use of BMI in the clinical setting. In: Pediatrics 124, H. 1. S. 35–41.

Destatis - STATISTISCHES BUNDESAMT (2014a): Berufspendler: Infrastruktur wichtiger als Benzinpreis. Abrufbar unter: https://www.destatis.de/DE/Publikationen/STATmagazin/Arbeitsmarkt/2014_05/2014_05Pendler.html (Letzter Aufruf: 02.03.2015).

Destatis – STATISTISCHES BUNDESAMT (2014b): IT-Nutzung. Abrufbar unter: https://www.destatis.de/DE/ZahlenFakten/GesellschaftStaat/EinkommenKonsumLebensbedingungen/ITNutzung/Tabellen/ZeitvergleichComputernutzung_IKT.html (Letzter Aufruf: 06.05.2015).

Destatis – STATISTISCHES BUNDESAMT (2014c): Krankenstand. Abrufbar unter: https://www.destatis.de/DE/ZahlenFakten/Indikatoren/QualitaetArbeit/Dimension2/2_3_Krankenstand.html (Letzter Aufruf: 04.03.2015).

Destatis - STATISTISCHES BUNDESAMT U. GESIS - LEIBNITZ INSTITUT FÜR SOZIALWISSENSCHAFTEN (2012): Datensatz zum Mikrozensus - Scientific Use File 2008. Abrufbar unter: http://www.forschungsdatenzentrum.de/bestand/mikrozensus/suf/2008/fdz_mz_suf_2008_schluesselverzeichnis.pdf .

DIEKMANN, ANDREAS (2008): Empirische Sozialforschung. Grundlagen, Methoden, Anwendungen. (Rowohlt-Taschenbuch-Verl.) Reinbek bei Hamburg.

DILORENZO, THOMAS. M., BARGMANN, ERIC P., STUCKY-ROPP, RENEE U. GLENN S. BRASSINGTON, et al. (1999): Long-Term Effects of Aerobic Exercise on Psychological Outcomes. In: Preventive Medicine 28, H. 1. S. 75–85.

DONDERS, N. C. G. M., BOS, J. T., VAN DER VELDEN, K. U. J. W. J. VAN DER GULDEN (2012): Age differences in the associations between sick leave and aspects of health, psychosocial workload and family life: a cross-sectional study. In: BMJ Open 2, H. 4. S. 1–12.

EBSTER, CLAUS U. LIESELOTTE STALZER (2002): Wissenschaftliches Arbeiten für Wirtschafts- und Sozialwissenschaftler. (WUV-Univ.-Verl.) Wien.

EICHORN, WOLFGANG (2004): Online-Befragung. Methodische Grundlagen, Problemfelder, praktische Durchführung. Abrufbar unter: http://www2.ifkw.uni-muenchen. de/ps/we/cc/onlinebefragung-rev1.0.pdf (Letzter Aufruf: 12.12.2014).

ELLAWAY, ANNE, MACINTYRE, SALLY, HISCOCK, ROSEMARY U. ADE KEARNS (2003): In the driving seat: psychosocial benefits from private motor vehicle transport compared to public transport. In: Transportation Research Part F: Traffic Psychology and Behaviour 6, H. 3. S. 217–231.

FINKELSTEIN, ERIC A., DA COSTA DIBONAVENTURA, MARCO, BURGESS, SOMALI M. U. BRENT C. HALE (2010): The costs of obesity in the workplace. In: Journal of occupational and environmental medicine 52, H. 10. S. 971–976.

FLADE, ANTJE (2013): Der rastlose Mensch. (Springer VS) Wiesbaden.

FLINT, ELLEN, CUMMINS, STEVEN U. AMANDA SACKER (2014): Associations between active commuting, body fat, and body mass index: population based, cross sectional study in the United Kingdom. In: BMJ British Medical Journal 349, S. g4887.

FRANK, LAWRENCE D., ANDRESEN, MARTIN A. U. THOMAS L. SCHMID (2004): Obesity relationships with community design, physical activity, and time spent in cars. In: American journal of preventive medicine 27, H. 2. S. 87–96.

FRANKE, ALEXA (2006): Modelle von Gesundheit und Krankheit. Lehrbuch Gesundheitswissenschaften. (Hans Huber) Bern.

FRIEDRICHS, JÜRGEN (1990[14. Aufl.]): Methoden empirischer Sozialforschung. WV-Studium 28. (Westdt. Verl.) Opladen.

GADAMER, HANS-GEORG (2010): Über die Verborgenheit der Gesundheit. Aufsätze und Vorträge. (Suhrkamp) Frankfurt.

GATHER, MATTHIAS, KAGERMEIER, ANDREAS U. MARTIN LANZENDORF (2008): Geographische Mobilitäts- und Verkehrsforschung. Studienbücher der Geographie. (Borntraeger) Berlin [u.a.].

GOTTHOLMSEDER, GEORG, NOWOTNY, KLAUS, PRUCKNER, GERALD J. U. ENGELBERT THEURL (2009): Stress perception and commuting. In: Health economics 18, H. 5. S. 559–576.

GRABOW, MAGGIE L., SPAK, SCOTT N., HOLLOWAY, TRACEY U. BRIAN STONE, et al. (2011): Air Quality and Exercise-Related Health Benefits from Reduced Car Travel in the

Midwestern United States. In: Environmental Health Perspectives 120, H. 1. S. 68–76.

HANSEN, C. D. U. J. H. ANDERSEN (2009): Sick at work - a risk factor for long-term sickness absence at a later date? In: Journal of epidemiology and community health 63, H. 5. S. 397–402.

HANSSON, ERIK, MATTISSON, KRISTOFFER, BJÖRK, JONAS, ÖSTERGREN, PER-OLOF U. KRISTINA JAKOBSSON (2011): Relationship between commuting and health outcomes in a cross-sectional population survey in southern Sweden. In: BMC Public Health 11, S. 834.

HECKATHORN, DOUGLAS D. (2011): Snowball versus respondent-driven sampling. In: Sociological methodology 41, H. 1. S. 355–366.

HENDRIKSEN, INGRID J., SIMONS, MONIQUE, GARRE, FRANCISCA GALINDO U. VINCENT H. HILDEBRANDT (2010): The association between commuter cycling and sickness absence. In: Preventive Medicine 51, H. 2. S. 132–135.

HHS - U.S. DEPARTMENT OF HEALTH AND HUMAN SERVICES (2008): Physical Activity Guidelines Advisory Committee Report. Washington, DC. Abrufbar unter: http://www.health.gov/paguidelines/report/pdf/CommitteeReport.pdf (Letzter Aufruf: 11.05.2015).

HOFMANN, A. (2001): Reduzierung von Fehlzeiten: Ansatzpunkte, Beispiele, Erfahrungen. In: Angewandte Arbeitswissenschaften H. 168. S. 1–21.

HOLZTRÄGER, DORIS (2012): Gesundheitsförderliche Mitarbeiterführung. Gestaltung von Maßnahmen der betrieblichen Gesundheitsförderung für Führungskräfte. (Hampp) München, Mering.

HU, G., QIAO, Q., SILVENTOINEN, K. U. J. G. ERIKSSON, et al. (2003): Occupational, commuting, and leisure-time physical activity in relation to risk for Type 2 diabetes in middle-aged Finnish men and women. In: Diabetologia 46, H. 3. S. 322–329.

HU, GANG, ERIKSSON, JOHAN, BARENGO, NOËL C. U. TIMO A. LAKKA, et al. (2004): Occupational, commuting, and leisure-time physical activity in relation to total and cardiovascular mortality among Finnish subjects with type 2 diabetes. In: Circulation 110, H. 6. S. 666–673.

HU, GANG, JOUSILAHTI, PEKKA, BORODULIN, KATJA U. NOËL C. BARENGO, et al. (2007): Occupational, commuting and leisure-time physical activity in relation to coronary heart disease among middle-aged Finnish men and women. In: Atherosclerosis 194, H. 2. S. 490–497.

HU, GANG, SARTI, CINZIA, JOUSILAHTI, PEKKA U. KARRI SILVENTOINEN, et al. (2005): Leisure time, occupational, and commuting physical activity and the risk of stroke. In: Stroke; a journal of cerebral circulation 36, H. 9. S. 1994–1999.

HUG, THEO U. GERALD POSCHESCHNIK (2010): Empirisch forschen. Die Planung und Umsetzung von Projekten im Studium. (UVK Verlagsgesellschaft) Konstanz.

HUMPHREY, SEAN, FAGHRI, ARDESHIR U. MINGXIN LI (2013): Health and Transportation: the Dangers and Prevalence of Road Rage within the Transportation System. In: American Journal of Civil Engineering and Architecture 1, H. 6. S. 156–163.

Humphreys, David K., Goodman, Anna u. David Ogilvie (2013): Associations between active commuting and physical and mental wellbeing. In: Preventive medicine 57, H. 2. S. 135–139.

IEA - International Energy Associations (2013): CO2-Emissions from fuel combustion. Paris. Abrufbar unter: http://www.iea.org/publications/freepublications/publication/co2emissionsfromfuelcombustionhighlights2013.pdf (Letzter Aufruf: 18.03.2015).

Johan de Hartog, Jeroen, Boogaard, Hanna, Nijland, Hans u. Gerard Hoek (2010): Do the health benefits of cycling outweigh the risks? In: Environmental health perspectives 118, H. 8. S. 1109–1116.

Kahneman, Daniel, Krueger, Alan B., Schkade, David A., Schwarz, Norbert u. Arthur A. Stone (2004): A survey method for characterizing daily life experience: the day reconstruction method. In: Science 306, H. 5702. S. 1776–1780.

Karlström, Anders u. Gunnar Isacsson (2009): Is sick absence related to commuting travel time? - Swedish Evidence Based on the Generalized Propensity Score Estimator. Abrufbar unter: http://www.transportportal.se/SWoPEc/CommutingSickness.pdf (Letzter Aufruf: 31.03.2015).

Kiesel, Johannes (2012): Was ist krank? Was ist gesund? Zum Diskurs über Prävention und Gesundheitsförderung. Kultur der Medizin 37. (Campus) Frankfurt am Main.

Kistemann, Thomas, Schweikart, Jürgen, Claßen, Thomas u. Charis Lengen (2008): Medizinische Geografie: Der räumliche Blick auf Gesundheit. In: Deutsches Ärzteblatt 108, H. 8. S. A386-387.

Klenk, Jochen, Nagel, Gabriele, Ulmer, Harmo u. Alexander Strasak, et al. (2009): Body mass index and mortality: results of a cohort of 184,697 adults in Austria. In: European journal of epidemiology 24, H. 2. S. 83–91.

Klug, S. J., Bender, R., Blettner, M. u. S. Lange (2004): Common epidemiologic study types. In: Deutsche Medizinische Wochenschrift 129, S. T7-T10.

Koenders, P. G. u. C. D. L. van Deursen (2008): Reizen naar en voor het werk en verzuim in de banksector. Commuting to and from work and absenteeism in the banking sector. In: TBV – Tijdschrift voor Bedrijfs- en Verzekeringsgeneeskunde 16, H. 4. S. 143–148.

Köhler, Uwe (2014): Einführung in die Verkehrsplanung. Grundlagen, Modellbildung, Verkehrsprognose, Verkehrsnetze. (Fraunhofer IRB Verlag) Stuttgart.

Kreienbrock, Lothar, Pigeot, Iris u. Wolfgang Ahrens (20125. Aufl.): Epidemiologische Methoden. (Spektrum Akademischer Verlag) Heidelberg.

Kreienbrock, Lothar u. Siegfried Schach (20054. Aufl.): Epidemiologische Methoden. (Elsevier, Spektrum, Akad. Verl.) München, Heidelberg.

Kromm, Walter, Frank, Gunter u. Michael Gadinger (2009): Sich tot arbeiten - und dabei gesund bleiben. In: Kromm, W. u. Gunter Frank (Hrsg.): Unternehmensressource Gesundheit. Weshalb die Folgen schlechter Führung kein Arzt heilen kann. (Symposion) Düsseldorf. S. 27–51.

Lamberti, Jürgen (2001): Einstieg in die Methoden empirischer Forschung. Planung, Durchführung und Auswertung empirischer Untersuchungen. (Dgvt) Tübingen.

Lee, I-Min u. Patrick J. Skerrett (2001): Physical activity and all-cause mortality: what is the dose-response relation? In: Medicine and science in sports and exercise 33, H. 6. S. 459–471.

Lindström, Martin (2008): Means of transportation to work and overweight and obesity: A population-based study in southern Sweden. In: Preventive Medicine H. 46. S. 22–28.

Lohmann-Haislah, Andrea (2012): Stressreport Deutschland 2012. Psychische Anforderungen, Ressourcen und Befinden. (Bundesanstalt für Arbeitsschutz und Arbeitsmedizin) Dortmund [u.a.].

Lopez, Russ (2004): Urban Sprawl and Risk for Being Overweight or Obese. In: American Journal of Public Health 94, H. 9. S. 1574–1579.

Macintyre, S. (2001): Housing tenure and car access: further exploration of the nature of their relations with health in a UK setting. In: Journal of Epidemiology & Community Health 55, H. 5. S. 330–331.

Manson, J. E., Hu, F. B., Rich-Edwards, J. W. u. G. A. Colditz, et al. (1999): A prospective study of walking as compared with vigorous exercise in the prevention of coronary heart disease in women. In: The New England journal of medicine 341, H. 9. S. 650–658.

MARTIN, ADAM, GORYAKIN, YEVGENIY U. MARC SUHRCKE (2014): Does active commuting improve psychological wellbeing? Longitudinal evidence from eighteen waves of the British Household Panel Survey. In: Preventive Medicine 69, S. 296–303.

Mastekaasa, Arne (2000): Parenthood, gender and sickness absence. In: Social Science & Medicine 50, H. 12. S. 1827–1842.

McMichael, A. J. M. D. (1976): Standardized mortality ratios and the "healthy worker effect": Scratching beneath the surface. In: Journal of Occupational Medicine 18, H. 3. S. 165–168.

Monheim, Heiner u. Ursula Lehner-Lierz (2005): Das Fahrrad im betrieblichen Mobilitätsmanagement. In: Monheim, H. (Hrsg.): Fahrradförderung mit System. Elemente einer angebotsorientierten Radverkehrspolitik. (Verl. MetaGIS-Infosysteme) Mannheim. S. 303–323.

Monheim, Rolf (1973): Fußgänger und Fußgängerstraßen in Düsseldorf. Zur Feldarbeit im Geographieunterricht. In: Beiheft Geographische Rundschau 3, H. 3. S. 56–64.

Monheim, Rolf (1980): Fußgängerbereiche und Fußgängerverkehr in Stadtzentren in der Bundesrepublik Deutschland. Bonner geographische Abhandlungen Heft 64. (In Kommission bei F. Dümmler) Bonn.

Morabia, Alfredo, Mirer, Franklin E., Amstislavski, Tashia M. u. Holger M. Eisl, et al. (2010): Potential health impact of switching from car to public transportation when commuting to work. In: American Journal of Public Health 100, H. 12. S. 2388–2391.

Müller-Christ, Georg (2010): Nachhaltiges Management. Einführung in Ressourcenorientierung und widersprüchliche Managementrationalitäten. Nachhaltige Entwicklung Bd. 1. (Nomos) Baden-Baden.

Murray, Christopher J. L., Vos, T. u. Lozano, R. et al. (2012): A comparative risk assessment of burden of disease and injury attributable to 67 risk factors and risk factor clusters in 21 regions, 1990–2010: a systematic analysis for the Global Burden of Disease Study 2010. In: The Lancet 380, H. 9859. S. 2224–2260.

Netzwerk intelligente Mobilität e.V. (2014): Was verstehen wir unter „intelligenter Mobiliät"? Abrufbar unter: http://www.nimo.eu/ueber-nimo/ (Letzter Aufruf: 12.12.2014).

Nöllenheidt, Christoph u. Simone Brenscheidt (2013): Arbeitswelt im Wandel. Zahlen – Daten – Fakten. Abrufbar unter: http://www.baua.de/de/Publikationen/Broschueren/A90.pdf?__blob=publicationFile&v=8 (Letzter Aufruf: 20.03.2015).

Novaco, R. W., Broquet, A. u. W. Kliewer (1991): Home environmental consequences of commute travel impedance. In: American Journal of Community Psychology 19, H. 6. S. 881–909.

Novaco, Raymond W., Stokols, Daniel, Campbell, Joan u. Jeannette Stokols (1979): Transportation, stress, and community psychology. In: American Journal of Community Psychology 7, H. 4. S. 361–380.

Novaco, Raymond W., Stokols, Daniel u. Louis Milanesi (1989): Objective and subjective dimensions of travel impedance as determinants of commuting stress. (Institute of Transportation Studies, University of California, Irvine) Irvine, Calif.

Olsson, Lars E., Gärling, Tommy, Ettema, Dick, Friman, Margareta u. Satoshi Fujii (2013): Happiness and Satisfaction with Work Commute. In: Social indicators research 111, H. 1. S. 255–263.

Oswald, Andrew J. Proto, Eugenio u. Daniel Sgroi (2014): Happiness and Productivity. Warwick (UK) und Bonn (GE). Abrufbar unter: http://www2.warwick.ac.uk/fac/soc/economics/staff/eproto/workingpapers/happinessproductivity.pdf (Letzter Aufruf: 20.02.2015).

Popper, Karl R. (20026. Aufl.): The poverty of historicism. (Routledge) London.

Primack, B. A. (2003): The WHO-5 Wellbeing index performed the best in screening for depression in primary care. In: Evidence-Based Medicine 8, H. 5. S. 155.

Quatember, Andreas (20082. Aufl.): Statistik ohne Angst vor Formeln. Das Studienbuch für Wirtschafts- und Sozialwissenschaftler. (Pearson Studium) München.

Rabl, Ari u. Audrey de Nazelle (2012): Benefits of shift from car to active transport. In: Transport Policy 19, H. 1. S. 121–131.

Rau, Renate (2011): Zur Wechselwirkung von Arbeit, Beanspruchung und Erholung. In: Bamberg, E.,Ducki, A. u. Anna-Marie Metz (Hrsg.): Gesundheitsförderung und Gesundheitsmanagement in der Arbeitswelt. Ein Handbuch. (Hogrefe) Göttingen. S. 83–106.

Redmond, Lothlorien S. u. Patricia L. Mokhtarian (2001): The positive utility of the commute: modeling ideal commute time and relative desired commute amount. In: Transportation 28, H. 2. S. 179–205.

RICHTER, PETER, BURUCK, GABRIELE, NEBEL, CLAUDIA U. SANDRA WOLF (2011): Arbeit und Gesundheit - Risiken, Ressourcen und Gestaltung. In: Bamberg, E.,Ducki, A. u.

Anna-Marie Metz (Hrsg.): Gesundheitsförderung und Gesundheitsmanagement in der Arbeitswelt. Ein Handbuch. (Hogrefe) Göttingen. S. 25–59.

Rimmer, Peter (1985): Transport Geography. In: Progress in Human Geography 2, H. 9. S. 271–277.

Rojas-Rueda, David, Nazelle, Audrey de, Tainio, Marko u. Mark J. Nieuwenhuijsen (2011): The health risks and benefits of cycling in urban environments compared with car use: health impact assessment study. In: BMJ British Medical Journal 343,

Sachs, Lothar u. Jürgen Hedderich (200612. Aufl.): Angewandte Statistik. Methodensammlung mit R. (Springer) Berlin, Heidelberg [u.a.].

Sallis, James F., Frank, Lawrence D., Saelens, Brian E. u. M.Katherine Kraft (2004): Active transportation and physical activity: opportunities for collaboration on transportation and public health research. In: Transportation Research Part A: Policy and Practice 38, H. 4. S. 249–268.

Schneider, Norbert F., Limmer, Ruth u. Kerstin Ruckdeschel (2002): Mobil, flexibel, gebunden. Familie und Beruf in der mobilen Gesellschaft. (Campus-Verlag) Frankfurt [u.a.].

Schreiner, Martin (2007): Multimodales Marketing nachhaltiger Mobilität als Teil integrierten Mobilitätsmanagements. Studien zur Mobilitäts- und Verkehrsforschung Bd. 18. (MetaGIS-Systems) Mannheim.

Shephard, Roy J. (2008): Is active commuting the answer to population health? In: Sports Medicine 38, H. 9. S. 751–758.

Springer Gabler Verlag (2014): Gabler Wirtschaftslexikon. Stichwort: Personenkilometer. Abrufbar unter: http://wirtschaftslexikon.gabler.de/Archiv/83564/personenkilometer-pkm-v7.html (Letzter Aufruf: 06.05.2015).

Stadler, Peter, Fastenmeier, Wolfgang, Gstalter, Herbert u. Jochen Lau (2000): Beeinträchtigt der Berufsverkehr das Wohlbefinden und die Gesundheit von Berufstätigen? Eine empirische Studie zu Belastungsfolgen durch den Berufsverkehr. In: Zeitschrift für Verkehrssicherheit 46, H. 2. S. 56–66.

Steinke, Mika u. Bernhard Badura (2011): Präsentismus. Ein Review zum Stand der Forschung. (Baua) Dortmund, Berlin, Dresden.

St-Louis, Evelyne, Manaugh, Kevin, van Lierop, Dea u. Ahmed El-Geneidy (2014): The happy commuter: A comparison of commuter satisfaction across modes. In: Transportation Research Part F: Traffic Psychology and Behaviour 26, S. 160–170.

Stutzer, Alois u. Bruno S. Frey (2008): Stress that Doesn't Pay: The Commuting Paradox. In: Scandinavian Journal of Economics 110, H. 2. S. 339–366.

Taylor, P. J. u. S. J. Pocock (1972): Commuter travel and sickness absence of London office workers. In: British Journal of preventive social Medicin 26, S. 165–172.

Uhle, Thorsten u. Michael Treier (2013): Betriebliches Gesundheitsmanagement. Gesundheitsförderung in der Arbeitswelt - Mitarbeiter einbinden, Prozesse gestalten, Erfolge messen. (Springer Verlag)

UNO - United Nations Organization (1992): Agenda 21 - Konferenz der Vereinten Nationen für Umwelt und Entwicklung. Abrufbar unter: http://www.un.org/depts/german/conf/agenda21/agenda_21.pdf (Letzter Aufruf: 03.03.2015).

van Ommeren, Jos N. u. Eva Gutiérrez-i-Puigarnau (2011): Are workers with a long commute less productive? An empirical analysis of absenteeism. In: Regional Science and Urban Economics 41, H. 1. S. 1–8.

Virtanen, Marianna, Kivimäki, Mika, Elovainio, Marko, Virtanen, Pekka u. Jussi Vahtera (2005): Local economy and sickness absence: prospective cohort study. In: Journal of epidemiology and community health 59, H. 11. S. 973–978.

Wanner, Miriam, Götschi, Thomas, Martin-Diener, Eva, Kahlmeier, Sonja u. Brian W. Martin (2012): Active transport, physical activity, and body weight in adults: a systematic review. In: American journal of preventive medicine 42, H. 5. S. 493–502.

Wen, L. M., Orr, N., Millett, C. u. C. Rissel (2006): Driving to work and overweight and obesity: findings from the 2003 New South Wales Health Survey, Australia. In: International journal of obesity (2005) 30, H. 5. S. 782–786.

Wen, Li Ming u. Chris Rissel (2008): Inverse associations between cycling to work, public transport, and overweight and obesity: findings from a population based study in Australia. In: Preventive Medicine 46, H. 1. S. 29–32.

WENER, RICHARD E., EVANS, GARY W., PHILLIPS, DONALD U. NATASHA NADLER (2003): Running for the 7:45: The effects of public transit improvements on commuter stress. In: Transportation 30, H. 2. S. 203–220.

WHO - WORLD HEALTH ORGANISATION (1946): Preamble to the Constitution of the World Health Organization as adopted by the International Health Conference. New York .

WHO - WORLD HEALTH ORGANISATION (2000): Obesity: preventing and managing the global epidemic. Report of a WHO Consultation (WHO Technical Report Series 894). Part I: The problem of overweight and obesity. Abrufbar unter: http://www.who.int/nutrition/publications/obesity/WHO_TRS_894/en/ (Letzter Aufruf: 01.03.2015).

WHO - WORLD HEALTH ORGANISATION (2014a): Global status report on noncommunicable diseases 2014. Abrufbar unter: http://apps.who.int/iris/bitstream/10665/148114/1/9789241564854_eng.pdf?ua=1 (Letzter Aufruf: 01.02.2015).

WHO - WORLD HEALTH ORGANISATION (2014b): Noncommunicable Diseases (NCD) Country Profiles. Abrufbar unter: http://apps.who.int/iris/bitstream/10665/128038/1/9789241507509_eng.pdf (Letzter Aufruf: 10.03.2015).

WHO - WORLD HEALTH ORGANIZATION COLLABORATING CENTER FOR MENTAL HEALTH (1998): Fragebogen zum Wohlbefinden. Hillerord, Dänemark. Abrufbar unter: http://www.psykiatri-regionh.dk/NR/rdonlyres/3F12728C-B0CD-4C50-A714-B6064159A314/0/WHO5_German.pdf (Letzter Aufruf: 27.01.2015).

WILDE, MATHIAS (2014): Mobilität und Alltag. Einblicke in die Mobilitätspraxis älterer Menschen auf dem Land. Studien zur Mobilitäts- und Verkehrsforschung 25. (Springer VS) Wiesbaden.

WOITSCHÜTZKE, CLAUS-PETER (2006[3. Aufl.]): Verkehrsgeografie. (Bildungsverlag EINS) Troisdorf.

WOODCOCK, JAMES, TAINIO, MARKO, CHESHIRE, JAMES, O'BRIEN, OLIVER U. ANNA GOODMAN (2014): Health effects of the London bicycle sharing system: health impact modelling study. In: BMJ British Medical Journal H. 348.

ZHENG, WEI, MCLERRAN, DALE F. U. ROLLAND, BETSY ET AL. (2011): Association between body-mass-index and risk of death in more than 1 million Asians. In: The New England journal of medicine 8, H. 364. S. 719–729.

ZIMMERMANN-JANSCHITZ, SUSANNE (2014): Statistik in der Geographie. Eine Exkursion durch die deskriptive Statistik. (Springer Spektrum) Berlin [u.a.].

9 Anhang

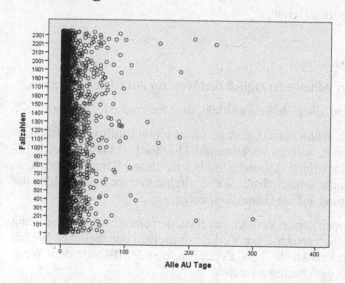

Abbildung 42: Streudiagramm der Krankheitstage vor der Hochrechnung

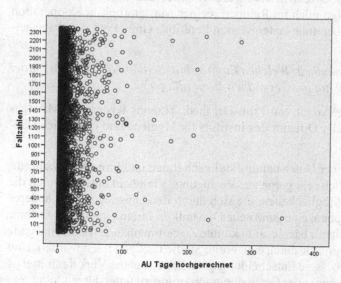

Abbildung 43: Streudiagramm der Krankheitstage nach der Hochrechnung

Anschreiben an Teilnehmer

Sehr geehrte Damen und Herren,

wie kommen Sie zur Arbeit?

Wissen Sie, wie Ihre Mitarbeiter täglich den Weg zur Arbeit zurücklegen?

Mit dem Auto, öffentlichen Verkehrsmitteln, dem Fahrrad oder doch zu Fuß?

Und haben Sie sich schon einmal gefragt, ob es einen Einfluss auf Ihre Gesundheit haben könnte, welches Verkehrsmittel Sie für Ihre täglichen Arbeitswege nutzen? Es gibt bereits zahlreiche Studien zu diesem Themenbereich; so hat man bereits in unterschiedlichster Weise direkte und indirekte Folgen der Verkehrsmittelnutzung auf die Gesundheit aufgezeigt.

Aber es hat bisher noch keinen Versuch gegeben, den direkten Zusammenhang zwischen der Nutzung verschiedener Verkehrsmittel auf den täglichen Wegen zur Arbeit und den Krankheits- bzw. Fehltagen, dem BMI sowie dem Well-Being Berufstätiger gleichzeitig zu testen.

Mein Name ist Juliane Kemen, ich bin Geographiestudentin an der Universität Bonn und beschäftige mich im Rahmen meiner Masterarbeit in Kooperation mit dem Mobilitätsberatungsunternehmen EcoLibro GmbH mit der Fragestellung

„Mobilität und Gesundheit: Welchen Einfluss hat die Wahl der Verkehrsmittel auf dem Arbeitsweg auf die Gesundheit Berufstätiger?".

Betreut wird meine Arbeit von Prof. Dr. med. Thomas Kistemann MA (geogr.), stellvertretender Direktor des Instituts für Hygiene und Öffentliche Gesundheit.

Die Ergebnisse meiner Untersuchung stelle ich Ihnen und Ihren Mitarbeiterinnen selbstverständlich sehr gerne zur Verfügung. Vielleicht entsteht durch die Kenntnis über die Möglichkeiten, die sich durch den Umstieg auf ein anderes Verkehrsmittel ergeben, eine ganz neue Dynamik in Ihrem Unternehmen/Ihrer Organisation. Scheinbar banale, altbekannte Zusammenhänge haben eine ganz andere Wirkung, wenn sie durch eine breite Studie nachgewiesen wurden. Und Sie gewinnen eine bessere Entscheidungsgrundlage, welche Verkehrsmittel es unter dem Gesichtspunkt der Gesundheitsförderung zu unterstützen lohnt.

Ich würde mich sehr freuen, wenn Sie und möglichst viele Ihrer MitarbeiterrInnen mich bei meiner Studie durch das Beantworten eines kurzen Fragebogens unterstützen würden. Dieser Link führt Sie zum Fragebogen: https://www.umfrageonline.com/s/mobilitaet_und_gesundheit.

Die Befragung ist online bis zum Ende dieses Jahres durchführbar. Mein Ziel ist es, eine Teilnehmerzahl von mehreren Tausend Berufstätigen zu erreichen, um möglichst repräsentative und damit belastbare Aussagen treffen zu können. Nach nur einer Woche Befragung haben wir schon 1000 Teilnehmer!

Daher nun meine Bitte an Sie: Nehmen Sie selbst an der Befragung teil und leiten Sie dieses Schreiben an die zuständigen Personen innerhalb Ihres Unternehmens/Ihrer Organisation, um zu entscheiden, ob Sie mit einer größeren Mitarbeiterzahl an der Befragung teilnehmen können.

Leiten Sie dieses Schreiben bitte auch an Personen weiter, die entweder im Bereich Mobilität und/oder Gesundheit tätig sind oder ein anderweitiges Interesse an der Teilnahme und den Ergebnissen haben.

Sehr gerne stehe ich Ihnen telefonisch oder per E-Mail zur Beantwortung von Fragen zur Verfügung.

Mit besten Grüßen

Juliane Kemen

Online-Fragebogen

**Mobilität und Gesundheit: Welchen Einfluss hat die Wahl der
Verkehrsmittel auf dem Arbeitsweg auf die Gesundheit
Berufstätiger?**

Seite 1

**Bahn, Auto, Fahrrad oder zu Fuß? Wie erreichen Sie täglich Ihren Arbeitsort? Und spielt das
überhaupt eine Rolle?**

Mein Name ist Juliane Kemen, ich studiere Geographie und schreibe
meine Masterarbeit an der Universität Bonn im Bereich der Schnittstelle
Verkehrsgeographie/Gesundheitsgeographie. Ich schreibe in
Kooperation mit dem Mobilitätsberatungsunternehmen EcoLibro GmbH
und möchte mit Ihrer Hilfe einen Beitrag zur Darstellung des
Zusammenhangs zwischen der Wahl des Verkehrsmittels und der
Gesundheit Berufstätiger leisten.

**Teilnehmen können Sie, wenn Sie berufstätig sind, einen Arbeitsweg
haben und mindestens 20 Stunden pro Woche arbeiten.**
Bitte nehmen Sie sich ca. **7 Minuten** Zeit zur Beantwortung des
Fragebogens, der zwei Bereiche umfasst:

- Ihr Mobilitätsverhalten
- Ihre Gesundheit

Ihre Informationen werden **anonym ausgewertet und streng vertraulich** behandelt.

Bei Fragen oder Ideen und Anregungen zum Thema Mobilität und Gesundheit können Sie mich sehr
gerne kontaktieren: **Juliane Kemen, B. Sc. Geographie, jkemen@uni-bonn.de**

Ganz herzlichen Dank für Ihr Interesse und Ihre Teilnahme! Am Ende des Fragebogens gibt es die
Möglichkeit an einem kleinen Gewinnspiel teilzunehmen.

**Ich habe die Einleitung verstanden und stimme der Befragung und der Verwendung der Daten im Rahmen des
angegebenen Themas zu.
(* = Pflichtfrage) ***

○ Ja

○ nein

Seite 2

Hinweis: Der Fragebogen richtet sich an Berufstätige mit mindestens 20 Stunden Arbeitszeit pro Woche . Bitte beziehen Sie sich bei allen
Angaben auf Ihr Mobilitätsverhalten und Ihre Gesundheit im Jahr 2014.

1. Ihr Mobilitätsverhalten

1.1. Mit welchen Verkehrsmitteln haben Sie Ihren Arbeitsweg im Jahr 2014 in den wärmeren Monaten (April - September) zurückgelegt?

Bitte geben Sie Ihr Nutzungsverhalten für alle Verkehrsmittel an.

	Nie	Seltener als 1 Mal pro Woche	1 Mal pro Woche	2-3 Mal pro Woche	4-5 Mal pro Woche
Auto	O	O	O	O	O
Fahrrad	O	O	O	O	O
E-Fahrrad/Pedelec	O	O	O	O	O
Roller/Motorrad	O	O	O	O	O
ÖPNV/Bahn (zu Fuß zu Haltestelle)	O	O	O	O	O
ÖPNV/Bahn (mit Fahrrad zur Haltestelle) = Ride and Bike	O	O	O	O	O
Park & Ride (mit dem Auto zur Haltestelle)	O	O	O	O	O
zu Fuß	O	O	O	O	O
anderes Verkehrsmittel	O	O	O	O	O

1.2. Mit welchen Verkehrsmitteln haben Sie Ihren Arbeitsweg im Jahr 2014 in den kälteren Monaten (Januar bis März und Oktober bis Dezember) zurückgelegt?

Bitte geben Sie Ihr Nutzungsverhalten für alle Verkehrsmittel an.

	Nie	Seltener als 1 Mal pro Woche	1 Mal pro Woche	2-3 Mal pro Woche	4-5 Mal pro Woche
Auto	O	O	O	O	O
Fahrrad	O	O	O	O	O
E-Fahrrad/Pedelec	O	O	O	O	O
Roller/Motorrad	O	O	O	O	O
ÖPNV/Bahn (zu Fuß zu Haltestelle)	O	O	O	O	O
ÖPNV/Bahn (mit Fahrrad zur Haltestelle) = Ride and Bike	O	O	O	O	O
Park & Ride (mit dem Auto zur Haltestelle)	O	O	O	O	O
zu Fuß	O	O	O	O	O
anderes Verkehrsmittel	O	O	O	O	O

1.3. Wenn Sie in Frage 1.1. oder 1.2. "anderes Verkehrsmittel" geantwortet haben, geben Sie dieses bitte an.

[   ]

1.4. Welcher Satz passt am besten zu Ihnen?

Hierbei geht es um Ihr Mobilitätsverhalten auf dem Arbeitsweg.

○ Ich bin Fahrradfahrer/in.

○ Ich bin Autofahrer/in.

○ Ich bin ÖPNV/Bahn-Nutzer/in.

○ Ich bin Fußgänger/in.

○ Ich bin Motorradfahrer/in.

○ Ich nutze den Mobilitätsmix.

○ Ich bin [   ]

1.5. Bitte geben Sie die Tür-zu-Tür-Zeiten mit den jeweiligen Verkehrsmitteln in Minuten von Ihrer Wohnung zum Arbeitsplatz an. Wenn Sie es nicht genau wissen, reicht eine Schätzung.

Ist ein Verkehrsmittel auf Grund von Distanz oder fehlender Möglichkeit für Sie ausgeschlossen, lassen Sie die Felder bitte frei.

	Minuten (gewusst)	Minuten (geschätzt)
Auto		
Fahrrad		
E-Fahrrad/Pedelec		
Motorroller/Motorrad		
ÖPNV/Bahn (zu Fuß zur Haltestelle)		
ÖPNV/Bahn (mit Fahrrad zur Haltestelle) = Bike&Ride		
Park&Ride (mit dem Auto zur Haltestelle)		
Zu Fuß (wenn < 5km)		

1.6. Bitte geben Sie die Tür-zu-Tür-Strecke des Arbeitswegs in Kilometern an. Wenn Sie es nicht genau wissen, reicht eine Schätzung.

Ist ein Verkehrsmittel auf Grund von Distanz oder fehlender Möglichkeit für Sie ausgeschlossen, lassen Sie die Felder bitte frei.

	Kilometer (gewusst)	Kilometer (geschätzt)
Auto, Motorrad		
Fahrrad, E-Bike		
zu Fuß		

1.7. Wie viele Kilometer legen Sie im Rahmen von Dienstgängen oder Dienstreisen pro Jahr mit den folgenden Verkehrsmitteln zurück?

Dienstgänge und Dienstreisen sind Gänge oder Fahrten zur Erledigung von Dienstgeschäften. Wenn Sie die Kilometerzahl nicht genau wissen, reicht eine Schätzung.

	Kilometer (gewusst)	Kilometer (geschätzt)
Auto	☐	☐
E-Fahrrad/Pedelec	☐	☐
Fahrrad	☐	☐
Flugzeug	☐	☐
Motorroller/Motorrad	☐	☐
zu Fuß	☐	☐
ÖPNV/Bahn	☐	☐

Seite 3

2. Ihre Gesundheit
Es folgen nun einige Fragen zu Ihrer Gesundheit. Bitte beziehen Sie sich in Ihren Antworten ebenfalls immer auf das Jahr 2014.

2.1. Wie viele Stunden pro Woche haben Sie im Jahr 2014 Sport getrieben?

Zählen Sie bitte auch ausgedehnte Spaziergänge dazu. Zählen Sie Ihre Bewegung auf den Arbeitswegen bitte nicht dazu.

○ keinen Sport

○ 1 Stunde

○ 2-3 Stunden

○ 4-5 Stunden

○ > 5 Stunden

2.2. Wie häufig pro Woche haben Sie im Jahr 2014 Sport getrieben?

Zählen Sie bitte auch ausgedehnte Spaziergänge dazu. Zählen Sie Ihre Bewegung auf den Arbeitswegen bitte nicht dazu.

○ gar nicht

○ 1 Mal

○ 2-3 Mal

○ 4-5 Mal

○ > 5 Mal

2.3. An wie vielen Tagen seit dem 1. Januar 2014 ...

	Anzahl der Tage
... sind Sie mit ärztlicher Arbeitsunfähigkeitsbescheinigung (gelber Schein) krankgeschrieben gewesen (inklusive Urlaubstage)?	☐
... sind Sie ohne ärztliche Arbeitsunfähigkeitsbescheinigung krank Zuhause gewesen ?	☐
... sind Sie zur Arbeit gegangen, obwohl Sie objektiv so krank gewesen sind, dass Sie sich hätten krankschreiben lassen sollen?	☐
... sind Sie am Wochenende, an Feiertagen oder sonstigen arbeitsfreien Tagen so krank gewesen, dass keine Freizeitaktivitäten stattfinden konnten?	☐

2.4. Wie viele der von Ihnen angegebenen Krankheitstage sind durch einen Verkehrsunfall auf dem Arbeitsweg verursacht worden (ohne Dienstfahrten)?

[_____] Tage

2.5. Welches Verkehrsmittel haben Sie zu diesem Zeitpunkt genutzt?

○ Ich hatte keinen Verkehrsunfall, der zu Krankheitstagen geführt hat

○ Auto

○ Fahrrad

○ E-Fahrrad/Pedelec

○ Motorrad/Roller

○ ÖPNV/Bahn

○ Zu Fuß

○ Ein anderes Verkehrsmittel: [_____]

2.6. Wie oft waren Sie im Jahr 2014 beim Arzt?

Bitte geben Sie möglichst alle Arztbesuche (außer Vorsorgeuntersuchungen), auch bei unterschiedlichen Ärzten, an.

[_____] Mal

2.7. Die folgenden Aussagen betreffen Ihr Wohlbefinden in den letzten zwei Wochen. Bitte markieren Sie bei jeder Aussage die Rubrik, die Ihrer Meinung nach am besten beschreibt, wie Sie sich in den letzten zwei Wochen gefühlt haben.
In den letzten zwei Wochen ...

Diese Fragen entstammen dem Well-Being-Score der WHO.

	Zu keinem Zeitpunkt	Ab und zu	Etwas weniger als die Hälfte der Zeit	Etwas mehr als die Hälfte der Zeit	Meistens	Die ganze Zeit
... war ich froh und guter Laune	○	○	○	○	○	○
... habe ich mich ruhig und entspannt gefühlt	○	○	○	○	○	○
... habe ich mich energisch und aktiv gefühlt	○	○	○	○	○	○
... habe ich mich beim Aufwachen frisch und ausgeruht gefühlt	○	○	○	○	○	○
... war mein Alltag voller Dinge, die mich interessieren	○	○	○	○	○	○

2.8. Welche der folgenden Arbeitsbedingungen treffen auf Sie zu?
Bitte bewerten Sie die Sätze auf einer Skala von "1 - trifft überhaupt nicht zu" bis "7 - trifft voll und ganz zu".

	1 trifft überhaupt nicht zu	2	3	4	5	6	7 trifft voll und ganz zu
en im Dokument] sitzend aus	○	○	○	○	○	○	○
Bei meiner Arbeit bewege ich mich auf gesundheitsförderliche Weise	○	○	○	○	○	○	○
Meine Arbeit beeinhaltet gesundheitsschädigende Bewegung zum Beispiel Heben und Tragen von Lasten. (Sitzen wird nicht als Bewegung verstanden)	○	○	○	○	○	○	○

2.9. Bitte geben Sie Ihr Gewicht und Ihre Körpergröße an. (optional)

Wenn Sie es nicht genau wissen, schätzen Sie bitte.

Gewicht (in kg)

Körpergröße (cm)

Seite 4

3. Fragen zu Ihrer Organisation/Ihrem Unternehmen und Ihrer Person

3.1. Bitte geben Sie Ihr Alter in Jahren an.

Jahre

3.2. Bitte geben Sie Ihr Geschlecht an.

○ weiblich

○ männlich

3.3. Bitte geben Sie Ihren Familienstand an.

○ Ledig

○ Verheiratet

○ Getrennt lebend (in Scheidung) oder geschieden

○ Verwitwet

○ Lebenspartnerschaft

○ Anderer, nämlich

3.4. Wie viele Kinder unter 18 Jahren leben in Ihrem Haushalt?

Kinder

3.5. Seit wie vielen Jahren sind Sie für Ihre Organisation tätig?

Jahre

3.6.Bitte geben Sie eine möglichst genaue Bezeichnung Ihres Berufs an.

Sind Sie in Ihrem Unternehmen/Ihrer Organisation in einer führenden oder leitenden Position tätig?

○ ja

○ nein

3.7. Bitte geben Sie ihre durchschnittliche tatsächliche Arbeitszeit pro Woche in Stunden im Jahr 2014 an.

Tatsächliche Arbeitszeit ist die Zeit, die Sie arbeiten. Diese kann ober- oder unterhalb der vertraglich festgelegten Zeit liegen.

Stunden

Vielen Dank für die Teilnahme an meiner Studie. Bitte teilen Sie den Link mit anderen Berufstätigen und Interessierten, zum Beispiel Ihren Kolleginnen und Kollegen!

Wenn Sie am Gewinnspiel teilnehmen möchten, senden Sie bitte eine Email mit dem Betreff "Masterarbeit Mobilität und Gesundheit - Gewinnspiel" an jkemen@uni-bonn.de! Durch dieses Verfahren bleiben Ihre Angaben hier völlig anonym. Zu gewinnen gibt es 2 x einen 25 Euro-Gutschein für ein Wellnessangebot in Ihrer Umgebung!

Bei Fragen und Anregungen oder wenn Sie über die Ergebnisse meiner Untersuchung informiert werden möchten, würde ich mich ebenfalls über eine E-Mail an jkemen@uni-bonn.de freuen!

Vielen Dank und mit besten Grüßen

Juliane Kemen

Leere Seite

» Umleitung auf Schlussseite von Umfrage Online

Printed in the United States
By Bookmasters

Printed in the United States
By Bookmasters